CORNELIA & CHRISTIANE MAUTE

NATURGESUNDE PFLANZEN
durch Homöopathie

Die Selbstheilungskräfte der Pflanzen wecken

KAPITEL 3

HOMÖOPATHISCH DURCHS GARTENJAHR

KAPITEL 4

DIE TOP 16 FÜR DEN EINSTIEG

SERVICE

Mein grüner Daumen mit Homöopathie

Seit meiner Kindheit umgibt mich die Lehre der Klassischen Homöopathie. Meine Mutter Christiane Maute, von Beruf Heilpraktikerin, hat die Homöopathie in unseren Alltag geholt. So hat sie uns zum Beispiel bei Ausflügen in die Natur interessante Heilpflanzen gezeigt oder beim Erkältungsschnupfen der Nachbarin die unterschiedlichen Arzneimittel erläutert. Bei uns Kindern waren diese Lehrstunden nicht immer beliebt, doch ihre Beharrlichkeit, uns mit solchen Informationen zu füttern, hat sich auf lange

Sicht ausgezahlt. Nun bin ich dankbare Erbin dieses geistigen Kapitals.

Als im Jahr 2011 Christianes Buch »Homöopathie für Pflanzen« erschien, war mir nicht klar, welche Erkenntnisse, Aufgaben und Ziele für mich persönlich daraus entstehen könnten. Damals arbeitete ich als staatlich geprüfte Logopädin in meiner kleinen Praxis. Schnell war meine Begeisterung für das Thema Pflanzenhomöopathie geweckt, denn mein neugieriger und wissensdurstiger Kopf liebt es, Dingen auf den Grund zu gehen und Unkonventionelles zu probieren. Wie spannend würde es sein, diese Methode an Lebewesen auszuprobieren, die nicht mit mir sprechen!

Also habe ich angefangen, tiefer im Thema zu graben. Zusammen mit einer Handvoll Mitschüler, von Beruf Gärtner und Winzer, begann ich meine »Ausbildung« bei meiner Mutter. Mein Vater Dieter sammelte und katalogisierte akribisch Pflanzenfotos und sorgte für den gesamten technischen Background. Auf der Basis von Christianes wertvollem Wissensschatz konnten weitere Ideen keimen: Meine Arbeit als Co-Autorin begann, und wir gaben den Startschuss zu unserem Internetauftritt. Langsam, aber stetig ging die Saat auf, und neben Hobbygärtnern kamen nun auch Profis wie Gärtner, Landwirte oder Winzer mit Beratungsbedarf auf uns zu. Ebenso wurden Vorträge und Seminare im In- und Ausland angefragt.

Mir wurde klar, dass ich nicht auf mehreren Hochzeiten gleichzeitig tanzen kann, wenn ich wirklich gute Arbeit leisten will: Die Logopädie-Praxis wurde an eine Kollegin übergeben, und ich arbeitete in Teilzeit weiter.

Jeder, der intensiver ins Thema Homöopathie eintaucht, wird bald spüren, dass er eigentlich noch nicht genug weiß. So ging es mir auch: Ich wollte mein Wissen vertiefen. Da Haustiere schon immer zu unseren Familienmitgliedern zählten, lag der Weg vor mir, eine Ausbildung zur Tierheilpraktikerin zu machen. Diese habe ich im Jahr 2017 abgeschlossen.

Einen weiteren umfangreichen und bedeutenden Wissenszuwachs bringt uns der gute Kontakt mit den »Pflanzen-Kunden«. Essenziell wichtige Rückmeldungen fließen hier zusammen und schaffen beste Chancen, um eingeschlagene Wege zu bestätigen.

Doch gerade für Einsteiger zeigt sich die Homöopathie in ihrem ganzen großartigen Umfang oft unübersichtlich oder mühsam erlernbar. Auf Basis der gesammelten Erkenntnisse zeige ich in diesem Buch, wie einfach die ersten Schritte sein können und wie auch Ihr grüner Daumen mit Homöopathie wachsen kann. Besonders Ambitionierte oder Fortgeschrittene können im Buch »Homöopathie für Pflanzen« (siehe Literatur Seite 140) aus dem Vollen schöpfen.

Ihre Cornelia Maute

Aus Gründen des besseren Leseflusses wird verallgemeinernd das generische Maskulinum verwendet. Diese Formulierungen sind wertfrei und umfassen alle Geschlechter im Sinne der Gleichbehandlung.

Pflanzen zeigen uns – Homöopathie wirkt

Einen Garten zu besitzen und mit Pflanzen umgehen zu dürfen, ist ein wahrer Segen. Das Blühen, Wachsen und Gedeihen sowie der Duft lässt uns die Jahreszeiten bewusst wahrnehmen.

Zu Anfang meiner »Gartenkarriere« war mir der Garten eine Last, denn ich wuchs in der Großstadt auf. So stellte ich mich bei Gartenarbeiten sehr ungeschickt an. Damals konnte ich kaum einzelne Pflanzen unterscheiden; es sah alles einfach »nur grün« aus. Doch ich durfte dazulernen.

Seit 1998 behandle ich Menschen nach Samuel Hahnemanns Lehre der Klassischen Homöopathie.
Wie komme ich dazu, Homöopathie auch an Pflanzen anzuwenden? Ein Missgeschick kam mir dabei zu Hilfe: 2001 knickte mir beim Einpflanzen einer blühenden Pflanze der Haupttrieb ab. Ich bin neugierig und forsche gerne, deshalb übergoss ich die Verunglückte mit Arnica C 200 und staunte tags darauf sehr: Der gebrochene Blütenstängel hatte sich vollständig wieder aufgerichtet. Seither behandle ich auch Pflanzen homöopathisch.
Es war mir jedoch klar, dass es nicht einfach werden würde, denn Pflanzen sind ja stumme Patienten und können ihre Beschwerden nicht schildern. Allerdings widerlegen sie den Placebo-Gedanken. Sogar ein »Homöopathie-Ungläubiger« sieht sofort, ob sich das behandelte Lebewesen »Pflanze« erholt hat oder nicht. Mich fasziniert es immer wieder aufs Neue, wie schnell Pflanzen auf die weißen Kügelchen reagieren, sofern das Mittel zum Symptom passt. Das macht mich im täglichen Umgang mit der Homöopathie ehrfürchtig.
Meine Begeisterung hat sich wohl auf unsere Tochter Cornelia übertragen. Oft wurden mein Mann und meine Kinder mit meinem »Homöopathie-Unterricht« am Esstisch überstrapaziert.
Meine begonnene Arbeit trägt also durch unsere Tochter reife Früchte. Das ist für meinen Mann und mich sehr beruhigend. Es freut mich sehr und macht mich stolz, dass Cornelia dieses Thema verantwortungsbewusst lebt. Aus Erfahrung sage ich: Es lässt einen nie mehr los.
Das Buch »Naturgesunde Pflanzen mit Homöopathie« liegt jetzt in Ihren Händen. Cornelia macht Ihnen damit den Einstieg in die homöopathische Pflanzenbehandlung einfach.
Liebe Leserin, lieber Leser, dies ist Ihr persönlicher Beginn einer sanften, umweltschonenden und vor allem nachhaltigen Pflanzenbehandlung. Viel Erfolg!

Ihre Christiane Maute

KAPITEL 1

KLEINES BASISWISSEN

Machen wir gemeinsam einen kleinen Ausflug in die Theorie: Wir beleuchten Entstehung, Herstellungsverfahren und Wirkungsweise der Klassischen Homöopathie, damit Sie im unübersichtlichen Dschungel der verschiedenen Heilmethoden den Überblick behalten!

Weshalb Sie Homöopathie auch an Ihren Pflanzen anwenden können, bei welchen Pflanzenproblemen sie wirken kann und welche weiteren, vielleicht ungeahnten Möglichkeiten sich zeigen, vervollständigt Ihr Basiswissen.

Was ist Klassische Homöopathie?

Hahnemann, Zuckerkügelchen und Potenzen: Das sind gängige Begriffe, die eng miteinander verflochten sind. Doch was steckt wirklich hinter diesen Schlagwörtern, und was bedeutet eigentlich das Wort »klassisch« in diesem Zusammenhang?

Etwas Basiswissen

Die Klassische Homöopathie ist eine eigenständige, sanfte und zugleich sehr tiefgreifende Heilmethode, die die körpereigenen Selbstheilungskräfte stimuliert und dadurch die Heilung in Gang bringt. Sie arbeitet ausschließlich mit Einzelmitteln.

Das »Einzelmittel« ist hierbei wörtlich zu nehmen: Der Behandler sucht ein einzelnes Mittel aus, welches in jedem Krankheitsfall individuell ausgewählt wird und möglichst genau zum Patienten und seinen Symptomen passt. So gibt es zum Beispiel weder das typische Schnupfenmittel für den Erkältungspatienten noch das typische Mehltau-Mittel für die erkrankte Pflanze. Die beiden zugrunde liegenden Prinzipien sind das Ähnlichkeitsprinzip sowie das Reiz- und Regulationsprinzip.

Das Ähnlichkeitsprinzip

Hahnemann formulierte den zentralen Gedanken seiner homöopathischen Lehre: »Similia similibus curentur« = Ähnliches werde durch Ähnliches geheilt. Das steckt schon im griechischen Ursprung des Wortes: »Homoios« bedeutet ähnlich, »pathos« ist das Leiden. Die Behandlung nach dem Ähnlichkeitsprinzip bedeutet, dass Arzneien nicht gegen eine Krankheit eingesetzt werden, sondern analog zu ihr. Laut Hahnemann kann eine Substanz, die bei einem Gesunden bestimmte Symptome hervorruft, ähnliche Symptome bei einem Kranken heilen.

Sehr einfach lässt sich das am Beispiel der Küchenzwiebel erklären: Ein gesunder Mensch wird beim Schneiden einer Zwiebel tränende Augen und fließende, brennende Absonderungen aus der Nase bekommen. Einem Kranken mit genau diesen Schnupfen-Symptomen würde daher das homöopathische Mittel Allium cepa, hergestellt aus der Küchenzwiebel, gereicht, was den Heilungsprozess in Gang bringen soll.

Das Reiz- und Regulationsprinzip

In der Homöopathie wird der Patient als ganzheitliches System gesehen und Krankheit wird als Störung aufgefasst, die den gesamten Organismus betrifft. Nicht das einzelne Symptom, etwa der Hautausschlag, wird behandelt, sondern der Patient in seiner Gesamtheit. Die individuelle Betrachtung des Patienten ist die große Spezialität der Homöopathie: Kein Patient und keine Krankheit ist gleich.

Eine Erkrankung entsteht, weil das System in ein Ungleichgewicht gekommen ist. Der Behandler setzt durch die homöopathische Arznei einen gezielten Reiz, auf den der Organismus antwortet. Dadurch werden Regulationsmechanismen in Gang gebracht, die zuvor durch die Krankheit beeinträchtigt waren. So bekommt der Körper den Impuls, die eigenen Kräfte zur Selbstheilung zu mobilisieren.

WER WAR HAHNEMANN?

Samuel Hahnemann (1755–1843) war Arzt, Apotheker und Chemiker und hat die Homöopathie entdeckt. Schon in jungen Jahren befasste sich der sprachbegabte und akribisch arbeitende Wissenschaftler mit der Behandlung von Krankheiten. Unzufrieden mit der Medizin seiner Zeit suchte er nach neuen Methoden und Wegen zur Selbstheilung. Hahnemann begann, Wirkstoffe auf eine ganz spezielle Art zur Arznei aufzubereiten. Seine Erkenntnisse gewann er aus Selbstversuchen und der genauen Beobachtung von Krankheits- und Genesungsverläufen seiner Patienten.

Hahnemanns Bücher sind bis heute weltweit Standardwerke für Ausbildung und Praxis.

Licht ins Dickicht: Phytotherapie und homöopathische Komplexmittel

Im allgemeinen Sprachgebrauch werden Pflanzenheilkunde (Phytotherapie) und Homöopathie oft in einem Atemzug genannt. Oft heißt es, der Arzt habe »etwas Pflanzliches« verordnet und es sei »homöopathisch«. Beide Methoden haben ihren Platz in der Naturheilkunde, unterscheiden sich jedoch wesentlich.

Zwei unterschiedliche Heilmethoden

Die deutlichsten Unterschiede zwischen Homöopathie und Phytotherapie zeigen sich bei den verwendeten Rohstoffen und den Herstellungsprozessen.

Die Phytotherapie verwendet ausschließlich Pflanzenextrakte. Dafür werden bestimmte Heilpflanzen mit ihren wertvollen Wirkstoffen genutzt. Für die Anwendung beim Menschen werden die Ausgangsstoffe frisch, getrocknet oder pharmazeutisch aufbereitet verarbeitet, zum Beispiel die Blüte der Ringelblume oder die Ingwerwurzel. Wenn wir phytotherapeutische Mittel bei unseren Pflanzen einsetzen, vergießen wir zum Beispiel eine Brennnesseljauche oder den Sud aus Schachtelhalm.

Was ist bei homöopathischen Arzneien anders? Die Annahme, man würde dann etwas »Pflanzliches« einnehmen, ist falsch. Oft werden die Begriffe »pflanzlich« und »homöopathisch« irrtümlich gleichgesetzt. Denn homöopathische Arzneien werden nicht nur aus Pflanzen hergestellt. Auch Metalle, Mineralien und andere Substanzen dienen als Rohstoffe. Die Art des Rohstoffs bestimmt auch den Weg der Herstellung bis zur fertigen Arznei. Der Arzt oder Heilpraktiker kann schließlich aus über 2 500 Einzelmitteln wählen, das heißt, jedes Mittel wurde aus einer einzigen Ausgangssubstanz hergestellt.

Komplexmittel

Aus der klassischen Einzelmittelhomöopathie haben sich später die Komplexmittel entwickelt, das sind Zusammenstellungen mehrerer Einzelmittel zu einem Medikament. Sie sollen sich in Bezug auf ein bestimmtes Krankheitsbild ergänzen. In ihrem Wesen und im Vorgang der Arzneifindung haben Komplex-

So unterscheiden sich Phytotherapie und Homöopathie

	PHYTOTHERAPIE	HOMÖOPATHIE
Rohstoffe	Heilpflanzen: ganze Pflanze oder Teile der Pflanze, wie z. B. Blüten oder Wurzeln	Pflanzen, Metalle, Mineralien, Salze, Tiergifte und Tierprodukte, Krankheitsprodukte und Krankheitserreger
Herstellungsverfahren	Trocknung, Zerkleinerung, Saftgewinnung, alkoholische Auszüge und weitere pharmazeutische Aufbereitungen	Urtinktur der Ausgangssubstanz, Dynamisierung und Potenzierung: Verschüttelung, Verreibung, Verdünnung
Darreichungsformen	Tees, Tabletten, Tropfen, Salben, Öle, Tinkturen, Inhalationslösungen, Umschläge, Bäder	Globuli (Streukügelchen), Tabletten, Dilutionen (Tropfen), Salben, Lotionen, Gele, Ampullen zur Injektion

mittel nichts mehr mit der Klassischen Homöopathie zu tun. Die Verordnung erfolgt nicht mehr nach dem auf Seite 11 beschriebenen Ähnlichkeitsprinzip, sondern geschieht nach klinischen Symptomen, also von außen wahrnehmbaren Krankheitszeichen. Damit rückt auch die ganzheitliche Betrachtung des Patienten mit seinen individuellen Befindlichkeiten in den Hintergrund. Der Organismus bekommt nicht einen einzelnen Impuls, sondern mehrere. Kritiker der Komplexmittel führen an, dass diese hinter den individuell ausgewählten Einzelmitteln zurückbleiben, was Tiefe und Dauer der Wirkung angeht.

Vom Rohstoff zur Arznei

Das Herstellungsverfahren für homöopathische Arzneien erfolgt nach einem strengen Regularium und ist im Homöopathischen Arzneibuch gesetzlich geregelt. Doch wie wird aus einem Rohstoff wie beispielsweise der Ringelblume eine Arznei?
Das Ausgangsmaterial wird zerkleinert und in einem Alkohol-Wasser-Gemisch gelöst. Das ist die Urtinktur. Aus der Urtinktur entstehen in weiteren Schritten durch Potenzieren die Arzneien, die in verschiedenen Formen erhältlich sind: Tabletten, Dilutionen (Tropfen) oder Globuli (Streukügelchen).
Am beliebtesten sind Globuli, und diese sind auch für die Anwendung an Pflanzen am praktischsten.

Was ist Potenzierung?

Hahnemann entwickelte die Methode der Potenzierung, das heißt Verdünnen, Verschütteln und Verreiben der Rohstoffe. Durch diese aufwendigen mechanischen Maßnahmen in genau festgelegten Schritten sollen die verborgenen dynamischen Kräfte einer Substanz freigesetzt werden. Die Potenzierung verstärkt die Information der Arznei. Mit den unterschiedlichen Potenzen, kenntlich als D oder C plus einer Zahl hinter dem Namen, hat man die Möglichkeit, die Kraft des gesetzten Reizes zu bestimmen.

Die Ringelblume zählt zu den ältesten Gartenpflanzen. Aus ihren wertvollen Wirkstoffen entsteht das homöopathische Mittel Calendula.

Wirkungsweise

Krankheit aus Sicht der Homöopathie bedeutet, dass der Organismus ein Leck in seiner Lebenskraft besitzt. Das ausgewählte Homöopathikum passt in das Leck wie ein Schlüssel in sein Schloss. Der »Arznei-Schlüssel« sollte möglichst genau passen, sonst ist er wirkungslos. Mit der korrekt ausgewählten Arznei wird ein künstlicher Reiz gesetzt, worauf der Organismus mit der Regulierung antwortet (siehe Seite 11). Er bekommt durch die Arznei »gezeigt«, welche Mechanismen er selbst in Gang bringen muss, um die Krankheit zu überwinden. Der Heilungsverlauf fängt an.

Globuli für unsere Pflanzen

Das Know-how über die Grundlagen ist vorhanden, jetzt wird es konkret: Was kann die Homöopathie für unsere Pflanzen tun? Die Bandbreite reicht vom Aprikosenbaum über die Orchideen bis zur Zucchini. Wir lernen alles über Anwendungsbereiche, Wirkungen, Möglichkeiten, Grenzen, Mitwirkende und freundliche Pflanzennachbarn.

Anwendungsbereiche

Ob Vorbeugung, Basisstärkung oder dringender Akutfall: Sämtliche Probleme, die bei Pflanzen auftreten können, finden eine Antwort in der gezielten Stärkung mit homöopathischen Mitteln.

Witterungsschäden

Bei der Behandlung von Witterungsschäden hat die Homöopathie ein herausragendes Alleinstellungsmerkmal gegenüber allen anderen verfügbaren pflanzenstärkenden Maßnahmen. Sie kann negative Folgen abmildern und die Pflanze zu neuer Regenerationskraft verhelfen.

Folgende Schädigungen können mit Globuli gezielt behandelt werden:

* Kälte und Frost
* Wärme, Hitze und Trockenheit
* Hagel
* Nässe bzw. Staunässe

Verletzungen

Verletzungen können je nach Pflanzenart die Vitalität stark beeinträchtigen. Nach allen Kulturmaßnahmen wie Schnitt oder Versetzen, aber auch nach Witterungsschäden können homöopathische Anwendungen den Schwächezustand ausgleichen, Krankheiten vorbeugen und die Wuchskraft anregen.

Bei diesen Verletzungen fördern Globuli die rasche Heilung:

Frostschäden an Obstbäumen wie hier an diesem Apfelbaum zeigen sich meistens als rötlich braune Verfärbungen und vertrocknete Randzonen.

Offene Schnittflächen an Obstgehölzen sollten rasch abtrocknen können, damit die Gefahr von Infektionen gemindert wird.

* Schnitt- und Rissverletzungen
* Bruchverletzungen, zum Beispiel durch Sturmschäden oder Schneefall
* Umtopfen, Versetzen und Pikieren
* Hagelschlag

Schädlinge

Gesunde und robuste Pflanzen sind weniger anfällig für alle Arten von Schädlingen. Sie sind selbstständig in der Lage, diese abzuwehren oder einem höheren Schädlingsdruck standzuhalten. Schädlinge treten vorwiegend auf schwächeren Pflanzen auf und schaffen es dann oft, sich schnell zu vermehren. Homöopathie soll unsere Pflanzen von Grund auf widerstandsfähiger und kräftiger machen. Dabei werden die Unheilstifter nicht abgetötet, sondern vertrieben. Die Pflanze wird unattraktiv für krabbelnde Mitbewohner. Die Selbsthilfekräfte der Pflanze werden mobilisiert.

Blattläuse lieben besonders junge, zarte und saftige Triebe. Starker Befall kann zum Absterben der Knospen führen.

Pflanzenkrankheiten

Bei Pflanzenkrankheiten gilt dasselbe Prinzip wie bei Schädlingen: Auf schwachen Pflanzen tummeln sich schneller Pilz-, Virus- oder bakterielle Krankheiten. Die Liste der Pflanzenkrankheiten ist für Laien kaum überschaubar und deren genaue Bestimmung ist definitiv ein Fachgebiet für Spezialisten. Gängige Plagen wie Mehltau oder Monilia sind leicht zu erkennen und den meisten Hobbygärtnern bekannt, aber exotischere Übeltäter kann nur ein Labor entlarven. Das ist nicht nötig, denn für die Auswahl des passenden Mittels brauchen wir einfach unsere Sinne. Wer mit Globuli aufwarten kann, kann sowohl vorbeugend handeln als auch bei beginnendem Befall das Fortschreiten ausbremsen oder sogar stoppen.

Wachstumsstörungen

Wachstumsstörungen zeigen sich auf verschiedenste Weise: Pflanzen können eine allgemeine Schwäche zeigen, vor sich hin kümmern oder zwergenhaft klein bleiben. Es ist immer hilfreich, wenn wir die Ursache einer solchen Störung finden. Bevor Homöopathie zum Einsatz kommt, sollten auch der Standort und seine Bedingungen wie Erde, Nährstoffe, Licht und Wasserversorgung unter die Lupe genommen und Fehler beseitigt werden.

Vorbeugung

Pflanzen haben immer wieder gezeigt, dass Homöopathie auch vorbeugend stärkt. Besonders die Stärkung gegen drohende Witterungsschäden wirkt hervorragend: Die Maute-ABC-Methode bewährt sich schon seit Langem und mit Erfolg (siehe Seite 49).
Anfällige Kandidaten, die bekannt dafür sind, besonders attraktiv für Schädlinge oder Pilzerkrankungen zu sein, können vor einer sensiblen Phase mit den entsprechenden Globuli behandelt werden. So hilft zum Beispiel eine einmalige Behandlung mit einem »Schädlingsmittel«, die Pflanze besser zu wappnen für den späteren Angriff.

Aus Christianes Tagebuch: Unser täglich Thomas

Eines Tages in der Mittagspause klingelt unser Telefon. Eine Stimme sagt: »Sind Sie die Frau, die des Buch g'schrieba hat?« Ich bin überrascht: »Ja, meinen Sie das Buch über Homöopathie für Pflanzen?« Mein Gegenüber am Telefon: »Ja, genau, dann bin i bei Ihne richtig.«
Der Anrufer am anderen Ende der Telefonleitung erzählt, er sei Biobauer und baue Wein und Obst an. Seit zwei Jahren behandle er seine Anlagen biologisch, doch das ginge nicht wirklich gut, er sei überhaupt nicht zufrieden damit. Dann kommt seine eigentliche Frage: »Könnet Sie meine Reba (= Weinreben) homöopathisch behandla?«
Ich bin total verblüfft: »Nein, ich habe ein Buch für Hausgärten geschrieben, ich habe noch nie Wein behandelt. Das geht nicht, das traue ich mir nicht zu, weil ich zu wenig darüber weiß.« Antwort: »Des macht nix. Sie könnet Homöopathie und i kann Reba. Und des klappt scho.« Neudeutsch heißt das wohl »Synergien bilden« und ist eher in der Industrie üblich. Also bildeten »Unser täglich Thomas« und wir Synergien.
Die ersten Behandlungen seiner Reben waren entsetzlich – fast ein Totalausfall von zehn Rebengassen. Ich war entsetzt, enttäuscht und fühlte mich schuldig; allerdings hatten wir erst Ende Juli mit den Anwendungen begonnen. Doch Thomas wollte nicht aufgeben – und der heutige Erfolg gibt ihm recht.
Man muss bedenken, dass eine Umstellung von konventioneller Behandlung zu Bio sowie Homöopathie Zeit benötigt. Hier dauerte es vier Jahre. Mittlerweile ist dieser Betrieb am Bodensee zu einem Musterbetrieb in Sachen Bio-Homöopathie geworden – entgegen allen anfänglichen »Unkenrufen« von Kollegen. Wenn wir uns seinen Feldern nähern, hört man sie von Weitem, sie sind »laut«. Die Insekten und Vögel machen dort viel Lärm. In konventionell behandelten Feldern sucht man so eine intakte Biodiversität vergebens; die Vogel- und Insektenwelt ist dramatisch geschrumpft, nicht nur bei uns am Bodensee.
Wenn wir seine Obst- und Rebanlagen begehen, bin ich ehrfürchtig. Thomas hat ein Paradies erschaffen, die Möglichkeiten der Permakultur, des biologischen Arbeitens und der Homöopathie ausgeschöpft. Sehr erstaunt hat mich, in welcher Geschwindigkeit er die homöopathischen Mittel und ihre Wirkungsweise gelernt hat.
Weshalb heißt dieser weitsichtig handelnde Bauer eigentlich »Unser täglich Thomas«? Diesen Namen gab ihm mein Mann in Anlehnung an das Vater-unser-Gebet. Denn »Unser täglich Thomas« rief die ersten drei Jahre fast täglich an. Die Zusammenarbeit mit ihm ist von sehr viel gegenseitiger Achtung geprägt und von einem außerordentlichen Gefühl für den sanften Umgang mit der uns anvertrauten Natur. Wir sind total stolz auf diesen mutigen Mann und sein Paradies – und unsere gemeinsame geglückte Arbeit.

Bei extrem schwachen und kranken Pflanzen ohne Regenerationskraft kann die homöopathische Behandlung kaum noch Wirkung zeigen.

Möglichkeiten und Grenzen

Das Anwendungsspektrum

So umfangreich und vielfältig wie das Gärtnern selbst ist auch das Anwendungsspektrum für Homöopathie. Egal ob Hochbeet, Balkongarten oder Urban Gardening, ob Zier- und Nutzpflanzen im Hausgarten, Bäume, Kräuter oder Zimmerpflanzen – im Prinzip kann alles, was auf der Erde wächst und uns lieb und teuer ist, mit Globuli versorgt werden. Dieses Buch richtet sich an Hobbygärtner. Wer im professionellen Stil buddelt und pflanzt, kann damit erste Grundlagen schaffen, doch auf landwirtschaftlichen Flächen gelten andere Behandlungsansätze.

Was kann Homöopathie, was nicht?

Naturgesunde Pflanzen, was besagt das genau? »Naturgesund« bedeutet nicht die Abwesenheit von Krankheiten oder Schädlingen. Der Begriff beschreibt die natürliche Stärke einer Pflanze, mit Widrigkeiten zurechtzukommen und die eigenen Fähigkeiten für ein robustes Dasein einzusetzen. Genau dies vermag die Homöopathie zu fördern.

Weshalb funktioniert das auch bei Pflanzen? Homöopathie gibt allen Lebewesen in ihrer Ganzheit einen tiefen Impuls zur Stärkung und Heilung. Merkmale von Lebewesen sind das Vorhandensein von Zellstrukturen, Vermehrung, Stoffwechsel, Wachstum, Reaktionen auf Reize und Bewegung. Pflanzen können zwar nicht umherlaufen, aber das Öffnen und Schließen von Blüten oder das Ausrichten der Blätter zum Licht ist zweifellos eine Bewegung. Pflanzen sind also Lebewesen. Was wir auch wissen: Homöopathie hat ihre Wirkungsrichtung immer auf den Schwächezustand eines Lebewesens. Dies knüpft an das auf Seite 25 f. genannte Schlüssel-Schloss-Prinzip an.
Doch wie erkenne ich, ob eine Pflanze von meinem homöopathischen Engagement profitieren konnte? Sie kann schließlich nicht mit mir sprechen! Im Anwendungs-Leitfaden auf Seite 35 ist genau beschrieben, wie eine Entwicklung aussehen kann.
Interessant ist, dass schon einige gut dokumentierte Versuche mit Schnittblumen unternommen wurden. Man wollte nämlich herausfinden, ob Globuli im Blumenwasser die Haltbarkeit der Schnittblumen verbessern könne. Das Ergebnis war immer gleich: Es gab keine bemerkenswerten Unterschiede. Wir fragten uns, was die Ursache sein könnte. Wenn man die Wirkprinzipien der Homöopathie schlüssig zu Ende denkt, wird es klar: Bei Schnittblumen fehlen wichtige Merkmale von Lebendigem, ihre Lebensadern wur-

Extra: Schottergärten

Ein Trend, der seit einigen Jahren in vielen Gärten Einzug gehalten hat, ist der Schottergarten. Große Flächen werden mit Steinen, Schotter oder Kies bedeckt, und Pflanzen kommen – wenn überhaupt – nur als Nebendarsteller vor. Eine stets ordentliche, moderne und vor allem pflegeleichte Gartenarchitektur – das sind die schlagenden Argumente der Fans des minimalistischen Designs. In den sozialen Netzwerken und bei Umweltverbänden werden sie mit »Steinwüsten« oder »Gärten des Grauens« betitelt. Schottergärten sind sogar zum Politikum geworden, denn manche Bundesländer verbieten sie bei Neuanlagen auf Privatgrundstücken. Zu Recht?

Folgende Gründe spielen dabei eine Rolle:

* Die Fläche ist ökologisch wertlos, bietet keinen Lebensraum für kleine Tiere, Vögel und Insekten. Die Bodenverdichtung zerstört Bodenleben.
* Die Fläche heizt sich im Sommer stark auf, das erzeugt Hitzestau und Hitzestress.
* Schotter verstärkt den Umgebungslärm und erhöht die Staubbelastung.
* Die versiegelte Fläche kann Wasser nicht mehr ausreichend aufnehmen.

Weitere Nachteile zeigen sich auch direkt im Geldbeutel des Gartenbesitzers:

* Die Fläche ist teuer in Anschaffung und Pflege.
* Durch fehlende Nutzinsekten werden mehr Pestizide benötigt.
* Durch Algen, Moos und Pflanzenaufwuchs werden aufwendige Reinigungsmaßnahmen mit Hochdruckreinigern und Laubbläsern notwendig.
* Nach wenigen Jahren werden Abtragung, Renaturierung und Neuanlage inklusive neuem Mutterboden erforderlich, wenn die gewünschte Optik wiederhergestellt werden soll.

Doch pflegeleicht bedeutet nicht pflanzenfrei! Es gibt leicht umzusetzende Möglichkeiten, mit einer Auswahl von Blühsträuchern, Stauden und robusten Bodendeckern die Arbeit in Grenzen zu halten und ganz nebenbei unsere Insekten und Vögel mit Nahrung zu versorgen. Wer sich auf die Suche macht, findet ansprechende Inspirationen und ganz konkrete Beispiele für bienenfreundliche Bepflanzungen (siehe Adressen Seite 141).

Schottergärten werden häufig angelegt, weil sich die Besitzer wenig Arbeit damit versprechen. Doch die Natur bleibt auf der Strecke …

den abgeschnitten, die Ganzheit des lebenden Organismus ist nicht mehr vorhanden.
Das beschreibt auch anschaulich die Grenzen der Homöopathie: An Pflanzen, die schon zu schwach sind, um noch eine Reaktion hervorzubringen, oder auf ökologisch toten Böden kann Homöopathie nicht mehr wirken.

Unkraut oder Zeigerpflanze?

Pflanzen sind an ihre Umgebung hervorragend angepasst und wahre Künstler beim Ausgleichen von Standortbedingungen und Witterungseinflüssen – denken wir nur an die zähen Miniaturausgaben der Nadelbäume, die im Gebirge an der Baumgrenze wachsen!
Jede Pflanzenart hat individuelle Ansprüche an ihren Standort. Wenn der Mensch nicht eingreift, wachsen Pflanzen genau dort, wo sie auch am besten gedeihen. Doch es kann sehr lästig sein, wenn sich unerwünschte Pflanzen an Orten breitmachen, an die wir sie nicht eingeladen haben. Aus der Pflanze wird ein Unkraut. Der Begriff »Unkraut« ist jedoch eine Erfindung des Menschen, denn in der Natur gibt es keine Unkräuter. Leider verdrängen und überwuchern solche Pflanzen trotzdem sehr beharrlich unsere mühsam kultivierten Schätze. Ohne unsere Kontrolle und Regulierung funktioniert Gärtnern nicht. Allerdings ist der Einsatz von chemischen Mitteln bei den meisten Pflanzenliebhabern längst keine Option mehr.
Immer wieder erreichen uns Anfragen, ob man mithilfe der Homöopathie Unkraut vernichten könne. Zum Glück können wir mit Sicherheit sagen, dass Homöopathie keine Lebewesen schädigen oder vernichten kann, insofern gibt es auch keine »homöopathische Unkrautvernichtung«.
Es ist aber klar, dass Homöopathie immer in Richtung der Schwäche eines Lebewesens wirkt (siehe Seite 13). So gibt es Erkenntnisse, dass schwächere Pflanzen, die vom Unkraut verdrängt wurden, durch die homöopathische Behandlung gestärkt wurden und dem Konkurrenzdruck besser standhalten konnten.

Das »Unkraut« Giersch lässt manchen Gartenbesitzer verzweifeln. Doch die jungen Triebe sind essbar und schmecken zart nach Petersilie.

Unkraut als Indikatorpflanzen

Wenn wir uns vom Begriff »Unkraut als Plage« distanzieren, bekommen wir die Chance, mehr über unseren Boden und die verfügbaren Nährstoffe zu erfahren! Daher bezeichnen wir Unkräuter besser als Zeigerpflanzen oder Indikatorpflanzen, denn sie zeigen uns, was unser Boden zu bieten hat (siehe ab Seite 89). So haben wir neben dem klassischen Jäten weitere Möglichkeiten, regulierend einzugreifen:

* Zeigerpflanzen liefern uns sozusagen gratis wichtige Informationen über die Beschaffenheit und die verfügbaren Nährstoffe des Bodens. Folglich helfen sie uns bei der Kultivierung von Pflanzen, da wir diese dem Standort angemessen auswählen können. Pflanzen am geeigneten Standort wach-

sen kräftig und gesund, daher werden sie mit den Zeigerpflanzen zurechtkommen oder sie sogar zurückdrängen.

* Indem wir die Anteile von Humus, Sand oder Mineralien verändern, können wir gezielt die Qualität des Bodens beeinflussen, und zwar angepasst an die geplante Nutzung. Dadurch werden beispielsweise diejenigen Zeigerpflanzen, die zuvor auf lehmhaltigem, schwerem Boden gewuchert sind, nach der Beimischung von Sand automatisch zurückgehen, weil ihr Lieblingsplatz nicht mehr vorhanden ist.

Bei der Neuanlage eines Beetes entfernt man Wurzelunkräuter und passt die Bodenzusammensetzung der späteren Nutzung an.

Grundsätzlich ist nackter, unbedeckter Boden viel verführerischer für Zeigerpflanzen, daher ist Mulchen zur Abdeckung der Freiflächen eine wirksame Maßnahme (siehe ab Seite 85).

Zum Glück haben sich bei vielen Menschen die Ansprüche geändert, stets in einen gleichbleibend makellosen und perfekt gestylten Garten schauen zu wollen. Das ist sicherlich auch den zahlreichen Kampagnen

Mulchmaterial aus verschiedenen Gartenabfällen bietet neben der »Unkrautkontrolle« noch viele weitere Vorteile.

gegen Bienen- und Insektensterben zu verdanken. Denn monotone Rasenflächen, umgeben von Thuja-, Bambus-, Buchs- oder Lorbeergewächsen, sind streng genommen eine grüne Hölle für Kleintiere, Vögel und Insekten. Es ist inzwischen vielfach belegt, dass arten- und blütenreiche Hausgärten, ja sogar kleinste Flächen wie bepflanzte Balkone, einen nicht zu unterschätzenden Beitrag zum Erhalt der Artenvielfalt und zum Klimaschutz leisten können. Nach und nach entwickeln Gartenbesitzer eine andere Wahrnehmung für solche Zusammenhänge.

Noch entspannter gehen diejenigen mit dem Thema um, die wissen, wie wichtig ausgerechnet »Unkräuter« für die Artenvielfalt sind. Ein willkommener Nebeneffekt ist die Tatsache, dass solche Pflanzen viele Nützlinge wie Schlupfwespen und Schwebfliegen anlocken, deren Larven dann gierig Blattläuse oder andere Schädlinge vertilgen. Wer mit dieser Absicht ein Insektenhotel aufstellt, aber nicht mindestens Halbpension für die Hotelgäste anbietet, hat also die Sache nicht ganz zu Ende gedacht. Viele weitere Wirkungskreise der Zeigerpflanzen kann ich hier gar nicht aufzählen, aber es gibt hervorragende Literatur dazu (siehe Literatur Seite 140).

Homöopathie und Mischkultur: Teamplayer?

Reine Monokulturen gibt es in der Natur nicht, denn die Natur ist schlau: Verschiedene Pflanzen bilden eine Lebensgemeinschaft, um sich zu ergänzen und voneinander zu profitieren. Das Stichwort lautet Bio-

Im Frühjahr ist der Tisch reich gedeckt. Doch Insekten brauchen auch im Spätsommer und Herbst noch ein ausreichendes Nahrungsangebot an blühenden, heimischen Pflanzen.

diversität, also Artenvielfalt. Dabei spielt auch die Vielfalt der tierischen Mitbewohner eine nicht zu unterschätzende Rolle: Insekten, Vögel und Kleintiere finden hier ihren Lebensraum und wirken auf vielen Ebenen regulierend und ausgleichend. Das gesamte Miteinander bildet die stabile Basis für einen gesunden Raum.

Die Mischkultur in ihrer Urform ist also keine Erfindung eines bärtigen Biogärtners. Für uns Gärtner heißt das: Die gut durchdachte Mischung verschiedener Pflanzensorten hat Vorteile gegenüber homogen angelegten Kulturen und gelingt auch auf kleinstem Raum, wie zum Beispiel auf einem Hochbeet. Nicht nur Gemüsebeete, auch Zierpflanzen mögen eine vielseitige Nachbarschaft. Ein bunter Mix aus Gemüse- und Zierpflanzen sieht zudem sehr attraktiv aus.

Homöopathie eignet sich sehr gut für die Anwendung in der Mischkultur, da der stärkende Impuls der Globulilösung von genau denjenigen Pflanzen aufgenommen und genutzt wird, die ihn benötigen. Homöopathie geht also in Richtung des schwächeren Individuums und findet dort ihren Wirkungskreis.

Tagetes im Gemüsebeet sind nicht nur farbliche Hingucker, sondern kleine Multitalente bei der Schädlingsabwehr und Bodenverbesserung.

Die Pflanzengemeinschaft

Gute Kumpel und die »bucklige Verwandtschaft«

Welche Pflanzen gut miteinander auskommen, wer sich nicht leiden mag und im schlimmsten Fall gegeneinander kämpft, ist für den Einsteiger nicht leicht zu erkennen.

Eine gut harmonierende Pflanzen-Nachbarschaft hat zahlreiche Vorteile, die uns viel Arbeit und Kosten ersparen können:

* Die Massenausbreitung von Schädlingen und Krankheiten wird erschwert.
* Nützlinge werden angelockt.
* Ein Totalausfall der Ernte wird vermieden.
* Durch Duftstoffe bestimmter Pflanzen werden Schädlinge verwirrt oder abgewehrt.
* Durch Ausscheidungen über die Wurzeln werden bodenlebende Schädlinge abgewehrt und benachbarte Pflanzen gewarnt.
* Nährstoffe im Boden werden gleichmäßiger genutzt, Bodenmüdigkeit wird vorgebeugt.
* Beschattung durch großblättrige Pflanzen verhindert Austrocknung.

Das zeige ich in einer vereinfachten Übersicht. Für alle, die tiefer ins Thema einsteigen möchten, gibt es gute Fachliteratur mit detaillierten Tabellen und Anbauplänen (siehe Literatur Seite 140 und Internet).

Knapp zusammengefasste Regeln sind:

* Pflanzen mögen meistens nicht denselben Platz wie im Vorjahr.
* Frühreifes wächst gut neben Spätentwicklern.
* Tiefwurzler schützen flachwurzelnde Nachbarn.
* Pflanzen mit breitem, buschigem Blattwerk mögen schlanke, hohe Nachbarn.
* Schwachzehrer kommen neben Starkzehrern gut zurecht.

Es lohnt unbedingt, sich etwas mit der »buckligen Verwandtschaft« zwischen den Pflanzen zu befassen. Pflanzen aus der gleichen botanischen Familie harmonieren nicht als direkte Nachbarn. In der Tabelle der Albtraum-Familientreffen auf Seite 25 sind die »Streithähne« aufgezählt, die besser mit Abstand gedeihen.

DIE 12 TRAUMPÄRCHEN

In dieser kleinen Liste stelle ich Ihnen zwölf Traumpärchen vor:

* Tomaten + Basilikum
* Sellerie + Kohl
* Mangold + Ringelblumen
* Kapuzinerkresse + Kürbisgewächse
* Tagetes + Kartoffeln
* Karotten + Lauch
* Knoblauch + Erdbeeren
* Salat + Erbsen
* Bohnen + Bohnenkraut
* Gurken, Dill + Borretsch
* Kohlrabi + Spinat
* Zucchini + Rote Bete

Wenn Sie gut durchdacht die entsprechenden Traumpärchen in Ihrem Gemüsebeet gruppieren, ersparen Sie sich Arbeit und können entspannter der Ernte entgegensehen.

Albtraum-Familientreffen

	BEISPIELE
Kreuzblütler	Radies, Rettich, Kohlrabi, alle Kohlarten, Meerrettich, Senf
Doldenblütler	Möhre, Sellerie, Fenchel, Pastinake, Petersilie, Dill
Schmetterlingsblütler	Erbse, Bohne
Liliengewächse	Zwiebel, Lauch, Knoblauch, Spargel
Fuchsschwanzgewächse	Spinat, Mangold, Rote Bete
Korbblütler	Artischocke, Schwarzwurzeln, fast alle Salate
Nachtschattengewächse	Tomate, Paprika, Aubergine, Kartoffel
Kürbisgewächse	Gurke, Kürbis, Melone, Zucchini
Lippenblütler	Rosmarin, Basilikum, Bohnenkraut, Salbei, Thymian, Pfefferminze

Mitbehandlung der Pflanzennachbarn

Wie »weiß« meine Rose, dass die Globulilösung für sie bestimmt ist? Und was geschieht mit dem Lavendel und Flieder direkt daneben? In eng stehenden Gruppen ist eine streng getrennte Behandlung nicht möglich, denn über die Erde gelangt der Wirkstoff auch an benachbarte Wurzeln.

Wir betrachten noch einmal die Wirkungsweise (siehe Seite 13): Die Information, welche in einem homöopathischen Mittel steckt, kann am besten dort wirken, wo im Organismus ein Schwächezustand vorhanden ist. Homöopathie hat ihre Wirkungsrichtung zum Schwächezustand eines Lebewesens. Dann passt das ausgewählte Mittel wie der richtige Schlüssel ins Schloss. Regulierung und Heilung können beginnen.

Doch was geschieht, wenn die Nachbarpflanze gar kein Symptom zeigt, also zum Beispiel nicht von Blattläusen befallen ist? Die Nachbarpflanze hätte dann nicht das passende Schloss für unser »Schädlingsmittel« parat, also kann die Information des Mittels gar nicht übertragen werden. Wir sagen dann, die Information gehe unverarbeitet vorbei: Es geschieht weder eine Wirkung noch eine Schädigung, sondern es passiert gar nichts. Wer jetzt meint, er sei schlau, indem er nach dem Prinzip »Versuch und Irrtum« mehrere Mittel nacheinander gießt oder in einer Kanne zusammenmischt, der irrt leider. Die Idee, eines der Mittel könnte dann schon passen, funktioniert leider nicht zufriedenstellend. Die Wirkung wird nicht so tief und dauerhaft sein wie nach dem sorgfältig gewählten Einzelmittel. Das gesamte System wird reaktionsmüde. Es kann also sein, dass nach einer Anhäufung verschiedener Homöopathika selbst korrekt ausgewählte Mittel später nicht mehr ihre volle Wirkung zeigen können, weil ein Durcheinander von Informationen unterwegs ist.

Ein Beispiel aus unserem Alltag skizziert dies: Stellen Sie sich vor, Sie fahren mit dem Auto durch belebten Stadtverkehr. Die Strecke ist Ihnen bekannt, denn

Wer behandlungsbedürftige »Patienten« mit Globuliwasser begießt, braucht keine Bedenken wegen der gesunden Nachbarpflanzen zu haben. Es schadet ihnen nicht.

Sie fahren sie regelmäßig. Am Ziel angekommen, erinnern Sie sich gar nicht mehr im Detail, welche Eindrücke Ihr Gehirn wahrgenommen hat. Der Mann mit Hut an der Ampel und das Kind auf dem Fahrrad sind in der Vielzahl der Informationen untergegangen und haben keine Erinnerungsspur hinterlassen. Am Ende der längeren Fahrt sind Sie ermüdet aufgrund der Flut an Informationen, obwohl diese gar keine starken Eindrücke bei Ihnen hinterlassen haben. Die Reize sind einfach ohne bewusste Wahrnehmung an Ihnen vorbeigeströmt, haben Sie aber am Ende des Tages träge gemacht.

Eine nachhaltigere Information könnte aber der Hund auf dem Gehweg sein, der sich von der Leine losgerissen hat, weil Sie selbst Hundebesitzer sind und Ihr Gehirn sich wieder kurz an eine solche Stresssituation erinnert. Diese Information wirkt viel tiefer und bleibt länger im Gedächtnis – so könnte in etwa das Schlüssel-Schloss-Prinzip erklärt werden.

Wirkungsdauer der Anwendung

Die Wirkungsdauer einer homöopathischen Behandlung kann sehr unterschiedlich sein.
Bald werden Sie mit Ihrem geschulten »homöopathischen Auge« zuverlässig erkennen, wann ein Zustand labil wird und das nächste Mittel nötig ist. Viele Anwender sagen, sie hätten ihre Pflanzen neu entdeckt und könnten sie nun viel genauer wahrnehmen.

Es gibt keine allumfassenden Regeln, aber grob vereinfacht gelten folgende Leitlinien:

* Zur Vorbeugung und zur allgemeinen Stärkung ausgewählte Mittel werden einmalig gegeben und wirken bis zu mehrere Wochen oder sogar Monate.
* Akut kranke oder zunehmend schwache Individuen brauchen mehrere Behandlungen in kürzeren Abständen, etwa drei bis vier Wochen lang. Im akuten Zustand werden Homöopathika schneller verbraucht.
* Die »Senioren« unter den Pflanzen, die konstante Stärkung benötigen, brauchen möglicherweise mehrere Gaben in größeren Abständen das gesamte Jahr hindurch.

Und dann gibt es immer wieder zahlreiche Fälle, die nach einer aktiven Behandlungsphase anschließend gar keine Behandlung mehr benötigen, manchmal sogar für mehrere Jahre. Das ist fast unvorstellbar. Doch wenn der Pflanzenpatient durch die Homöopathie so umfassend in seiner Vitalität gestärkt wurde, dürfen

wir uns zurücklehnen und uns am Ergebnis sowie an den neu gewonnenen Erkenntnissen freuen.
Ein solches Beispiel zeigt die Geschichte der großen und wunderschönen Hibisken meiner Eltern.
Damals, im Winter 2010, waren die Bäumchen schon um die 45 Jahre alt. Während der Sommermonate standen die großen Töpfe immer draußen im Garten. Doch sobald die Bäumchen im Herbst zurück ins Wohnzimmer umzogen, begann alljährlich das gleiche Trauerspiel: Sämtliche Blätter wurden gelb und fielen ab. Der Anblick der blattlosen Gerippe bedrückte den Betrachter. Nach einiger Zeit erholten sie sich zwar und bekamen neue Blätter, aber innerhalb kürzester Zeit kamen auch die Blattläuse. Die Pflanzen waren durch den vorherigen Standortwechsel und den Blattverlust deutlich geschwächt, und wie wir wissen, sind geschwächte Pflanzen viel anfälliger für solche ungebetenen Gäste. Die Pflanzen bekamen chemische Mittel, aber die Blattläuse blieben, denn die warme Zimmerluft bot kuschelige Bedingungen für einen Daueraufenthalt und zahlreiche Vermehrung.

Die jährlich wiederkehrende Läuseplage bot meinen Eltern ausreichend Übungslektionen für die homöopathische Behandlung.

Mühe und Geduld haben sich gelohnt: Nach der homöopathischen Behandlung blieb der schädlingsfreie Zustand über viele Jahre und ohne weitere Maßnahmen stabil.

Dieter und Christiane begannen mit der homöopathischen Behandlung und schritten voller Tatendrang und Zuversicht zum Globulisortiment. Sie gaben einige sorgfältig ausgewählte Mittel wie *Arsenicum album C200, Cimicifuga C30, Staphisagria C200, Sulfur C200* und weitere, natürlich mit zeitlichem Abstand, damit die einzelnen Mittel Gelegenheit bekamen, ihre Wirkung zeigen zu können.
Die Ernüchterung: Keines der Mittel schien zu wirken. Es gab auch nach Wochen keinerlei Besserung, und das Ergebnis war deprimierend! Die weitere homöopathische Behandlung der Hibisken wurde leicht frustriert beendet, und zur wärmeren Jahreszeit kamen die Töpfe sowieso wieder in den Garten.
Der nächste Winter kam, und die Blumentöpfe zogen wieder nach drinnen. Was würde geschehen? Unerwartete Überraschung: Alle Hibisken behielten sattgrünes und gesundes Laub. Die saugenden Krabbler blieben fern, und die Blütenpracht verzauberte den Raum mit tropischem Flair. War das ein Zufall? Die Pflanzen wurden weder umgetopft noch mit weiteren homöopathischen Mitteln versorgt. Inzwischen sind Jahre vergangen, und bis heute sind die Hibisken gesund. Das ist wahre Nachhaltigkeit!

Wildbienenarten wie die Graue Sandbiene spielen bei der Bestäubung von Wild- und Kulturpflanzen eine entscheidende Rolle.

Homöopathie, Bienen und Nutzinsekten: Teamplayer?

Bienen und eine Vielzahl weiterer Insekten sind für die Bestäubung unserer Pflanzen unverzichtbar. Allerdings gefährden viele Pflanzenschutzmittel das Überleben dieser Tiere. Zum Glück ist seit den öffentlichen Kampagnen über Bienen- und Insektensterben die Sensibilität für Insektizide, die Nutzinsekten schädigen oder gar ausrotten, stark gestiegen. Einzelne Wirkstoffe geraten immer wieder ins Visier, manchmal gelingt ein Verbot. Mitunter kommt dann die Frage auf, ob auch Homöopathie Insekten schade. Hier gebe ich Entwarnung: Durch den Herstellungsprozess und die Potenzierung sind homöopathische Arzneien so verdünnt, dass eine mögliche Giftigkeit des Rohstoffs nicht mehr als Gift wirken kann.
Außerdem können wir uns wieder an das Schlüssel-Schloss-Prinzip erinnern: Falls ein Insekt vom Homöopathikum profitieren kann, kann es den Impuls zur Stärkung für sich nutzen. Dies könnte beispielsweise bei einer Insektizid-Vergiftung eintreten, denn einige homöopathische Mittel wirken auch ausleitend oder entgiftend. Immer wieder konnten Anwender feststellen, dass so behandelte Pflanzen fast magnetisch auf Bienen und andere Insekten wirkten, denn sie wurden bevorzugt von ihnen besucht. Homöopathie und Insekten sind also ganz hervorragende Teamplayer, denn homöopathisch behandelte Pflanzen können auch für Insekten förderlich wirken.
Es ist ein gutes Gefühl, im eigenen kleinen Kosmos etwas gegen das Artensterben tun zu können, und sei es nur durch das Weglassen schädigender Produkte!

Blühender Apfelbaum **(1)** und wichtige Bestäuber: Honigbiene **(2)**, verschiedene Käfer **(3)** und Schwebfliege **(4)**.

KAPITEL 2

EINSTIEG UND PRAXIS

Ausgetretene Pfade verlassen, Dinge ausprobieren und Neuland betreten macht dann besonders viel Freude, wenn es leicht geht. Mit einem Ratgeber an der Hand, der übersichtlich die ersten Schritte begleitet, werden wir umso motivierter, je eher sich Erfolge einstellen. Das Basiswissen ist erlernt und die Gießkanne steht bereit. Es kann losgehen!

Globuli anwenden

Wie kommen die Globuli zur Pflanze? Die Werkzeuge haben wir alle zur Hand: Wir brauchen außer der Plastikgießkanne noch einen Holzstab und natürlich das ausgewählte homöopathische Mittel. Die Anwendung erfolgt einfach mit dem normalen Gießvorgang.

Schritt-für-Schritt-Anleitung

So bereiten Sie die homöopathische Gießlösung mit Globuli zu:

1. Ausgewähltes Mittel, Schraubdeckelglas, Plastikgießkanne und Holzstab bereitlegen.
2. Benötigte Anzahl Globuli in das mit Wasser gefüllte Glas geben und auflösen lassen.
3. Den Wirkstoff dynamisieren, indem Sie das verschlossene Glas kräftig schütteln.
4. Die Gießkanne sollte sauber ausgespült sein. Dann die Lösung ins Gießwasser geben.
5. Mit dem Holzstab verrühren.
6. Das Gießen mit dem Globuliwasser kann beginnen. Hauptsächlich wird der Wurzelbereich gegossen. Bei Schädlingsbefall und Pilzerkrankungen dürfen auch die Blätter eine kurze Dusche bekommen, dies aber an wolkigen Tagen, wenn die Feuchtigkeit rasch abtrocknen kann.

Achtung: Nicht bei starker Sonneneinstrahlung gießen, sonst droht die Gefahr von Sonnenbrand auf Blättern oder Blüten.

So viele Globuli sind nötig

MENGE: POTENZ C 30/C 200	WASSER (LITER)
3 Globuli	ca. 0,1–1 Liter
4 Globuli	ca. 1–2 Liter
5 Globuli	ca. 2–5 Liter
6 Globuli	ca. 10 Liter
8 Globuli	ca. 30 Liter

Dosierung

Immer wieder staunen Anwender, wie winzig klein die empfohlene Menge an Globuli eigentlich ist.
Als Erklärung erinnern wir uns, dass wir mit der Homöopathie eine Information geben, die dem Organismus verhilft, seine eigenen Kräfte zur Heilung zu mobilisieren. Für eine Information ist nicht die Menge an Globuli ausschlaggebend, sondern ob die Information für den Empfänger passt.
Mit einem Beispiel möchte ich das verdeutlichen: Es macht keinen Unterschied, ob Sie ein oder drei Bücher mit gleichem Inhalt lesen. Wenn Sie nach dem ersten Buch bereits verstanden haben, worum es geht, ist es überflüssig, noch weitere Bücher mit identischem Inhalt zu lesen, denn Sie erhalten keine neuen Informationen mehr.
Es ist also überhaupt nicht nötig, im Garten nach dem Motto »viel hilft viel« zu agieren (siehe Seite 102).

Wie viel Wasser ist nötig?

Die Wassermenge entspricht in etwa derselben Menge wie beim gewohnten Gießen.
Größere Bäume vertragen durchaus 40 bis 60 Liter. Mengen ab zehn Litern lassen sich ganz einfach so herstellen (Beispiel: 30 Liter):

1. Acht Globuli werden in etwa 150 Milliliter Wasser im Schraubdeckelglas aufgelöst.
2. Anschließend wird die Lösung sehr gründlich verschüttelt.
3. Ein Drittel der Lösung, etwa 50 Milliliter, kommen in die Gießkanne mit zehn Litern Inhalt.
4. Mit Wasser auffüllen und kräftig verrühren.
5. Nachdem Sie die zehn Liter vergossen haben, werden die restlichen beiden Drittel der vorbereiteten Lösung ebenso angerührt und die Pflanzen damit gegossen.

Anwendungs-Leitfaden

Wie können wir wissen, ob unsere Bemühungen der Pflanze helfen konnten? Woher wissen wir, wann und wie oft ein homöopathisches Mittel wiederholt oder ein anderes ausgewählt werden muss? Wie wir die Reaktionen der Pflanzen klar interpretieren lernen, ohne zum Pflanzenflüsterer zu werden, zeigen uns ein paar einfache Faustregeln.

Wie ist der Anwendungs-Leitfaden zu verstehen?

Dieser Anwendungs-Leitfaden gilt für diejenigen Pflanzen, die eine mittlere bis zügige Geschwindigkeit im Wachstum zeigen, und für Pflanzen während der Wachstumsphase. Das betrifft alle Pflanzen, die im Lauf von etwa zwei Wochen erkennbare Reaktionen zeigen können.

Zügiger und gesunder Neuaustrieb ist ein Zeichen von starker Regenerationskraft und eine positive Antwort auf unsere Behandlung.

Für die »Senioren« und für langsam wachsende Pflanzen, wie zum Beispiel bestimmte Baumarten, bedeutet das: Wir geben mehr Zeit für die Beobachtungsphase und brauchen auch mehr Geduld, bis wir entscheiden, wie wir weiter vorgehen. Bei älteren Bäumen kann man durchaus erst nach einem oder mehreren Jahren sehen, ob die Behandlung zur allgemeinen Stärkung beitragen konnte.
Ebenso zeigen Freilandpflanzen, welche sich während der Wintersaison in einer Ruhephase befinden, keine neuen Triebe oder kurzfristige Veränderungen im Wachstum.
Wenn also die Pflanze in der vegetativen Wachstumsphase ist und die Globulilösung bekommen hat, folgt der Blick auf den Anwendungs-Leitfaden einige Tage später.

Daran erkennen Sie, dass der Patient auf einem guten Weg ist

* Sie bemerken einen Wachstumsschub.
* Es ist ein zügiger, gesunder Neuaustrieb von Zweigen, Blättern oder Blüten sichtbar.
* Sie können ein kräftigeres Blattgrün und eine sattere Färbung erkennen.
* Der Boden oder Topf ist besser durchwurzelt mit Faserwurzeln.
* Die Pflanze hat stabilere, härtere Stängel, Blätter oder Fruchthäute.
* Der Patient stößt unbelebte oder von Schädlingen oder Krankheiten befallene Pflanzenteile ab.

Sobald sich solche Entwicklungen zeigen, dürfen Sie ein bisschen stolz sein, denn dann hat sich die Mühe gelohnt. Sehr hilfreich sind Vorher-nachher-Fotos zum Vergleich, weil sie enorm bei der Beurteilung des Verlaufs unterstützen. Oft ist beim direkten Bildvergleich die Entwicklung viel klarer zu sehen. Häufig habe ich die Erfahrung gemacht, dass ich zu ungeduldig war, und eine anfängliche Enttäuschung hat sich kurze Zeit später in Wohlgefallen aufgelöst.

ANWENDUNGS-LEITFADEN
5 BIS 8 TAGE NACH DER BEHANDLUNG: WAS NUN?

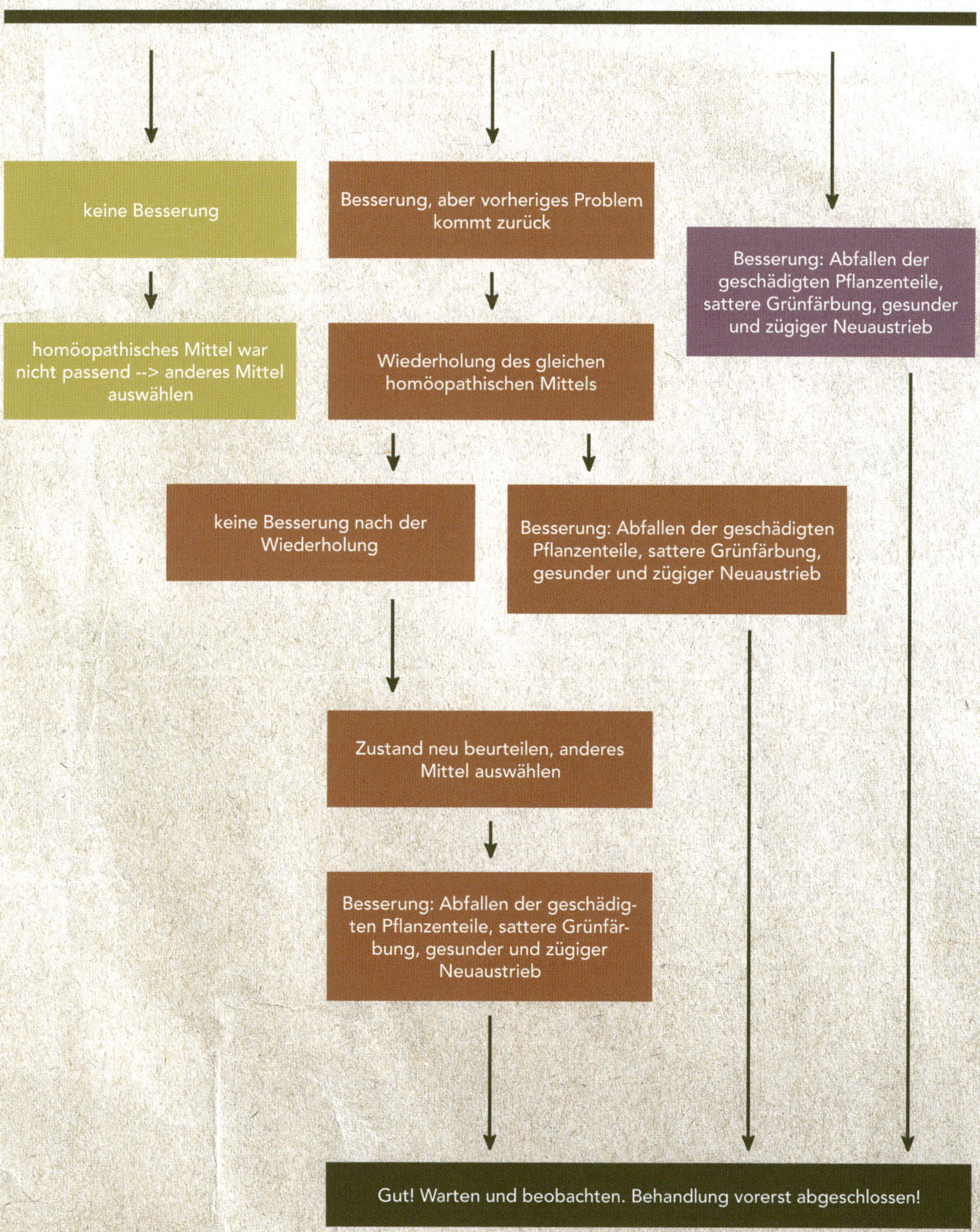

Anwendung bei akuten Fällen

Eine große Ausnahme bezüglich Wartezeit und Beobachtungsphase bilden akute Fälle. Hier geht es um Pilzerkrankungen oder Schädlingsbefall.

* Bei Pilzerkrankungen sind ein kritischer Kontrollgang und auch das wiederholte Gießen mit Globulilösung jeden zweiten Tag dringend zu empfehlen, denn manche Pflanzenkrankheiten legen bei ihrer Verbreitung ein beeindruckendes Tempo vor.
* Auch bei Schädlingsbefall lohnt sich der häufige, kritische Kontrollgang. Wenn sich schon eine Respekt einflößende Menge von Übeltätern angesiedelt hat, gießen Sie jeden zweiten oder dritten Tag. Mit drei bis vier Wiederholungen des gleichen homöopathischen Mittels setzen Sie damit ein deutliches Zeichen. Doch auch hier gilt: Sobald der Zustand stabil und erfreulich ist, hat die Globulikanne keinen Auftrag mehr.

Die rechts stehende Übersicht zeigt die unterschiedlichen Intervalle und Wiederholungen sowohl für vorbeugende Maßnahmen als auch für die etwas aufwendigeren Behandlungen im Akutfall.

Bei Mittelwechsel beachten

Falls Sie sich dazu entscheiden, den eingeschlagenen Pfad zu verlassen und zu einem anderen homöopathischen Mittel zu wechseln, ist die erneute Beobachtung der Witterung ein wichtiger Aspekt, denn nach ein paar Tagen können sich die Verhältnisse deutlich geändert haben.

Gern gesehene Mithelfer sind Marienkäferlarven, denn diese »Blattlauslöwen« vertilgen wie auch die ausgewachsenen Käfer Blattläuse in beträchtlichen Mengen.

VORBEUGENDE BEHANDLUNGEN UND AKUTMASSNAHMEN

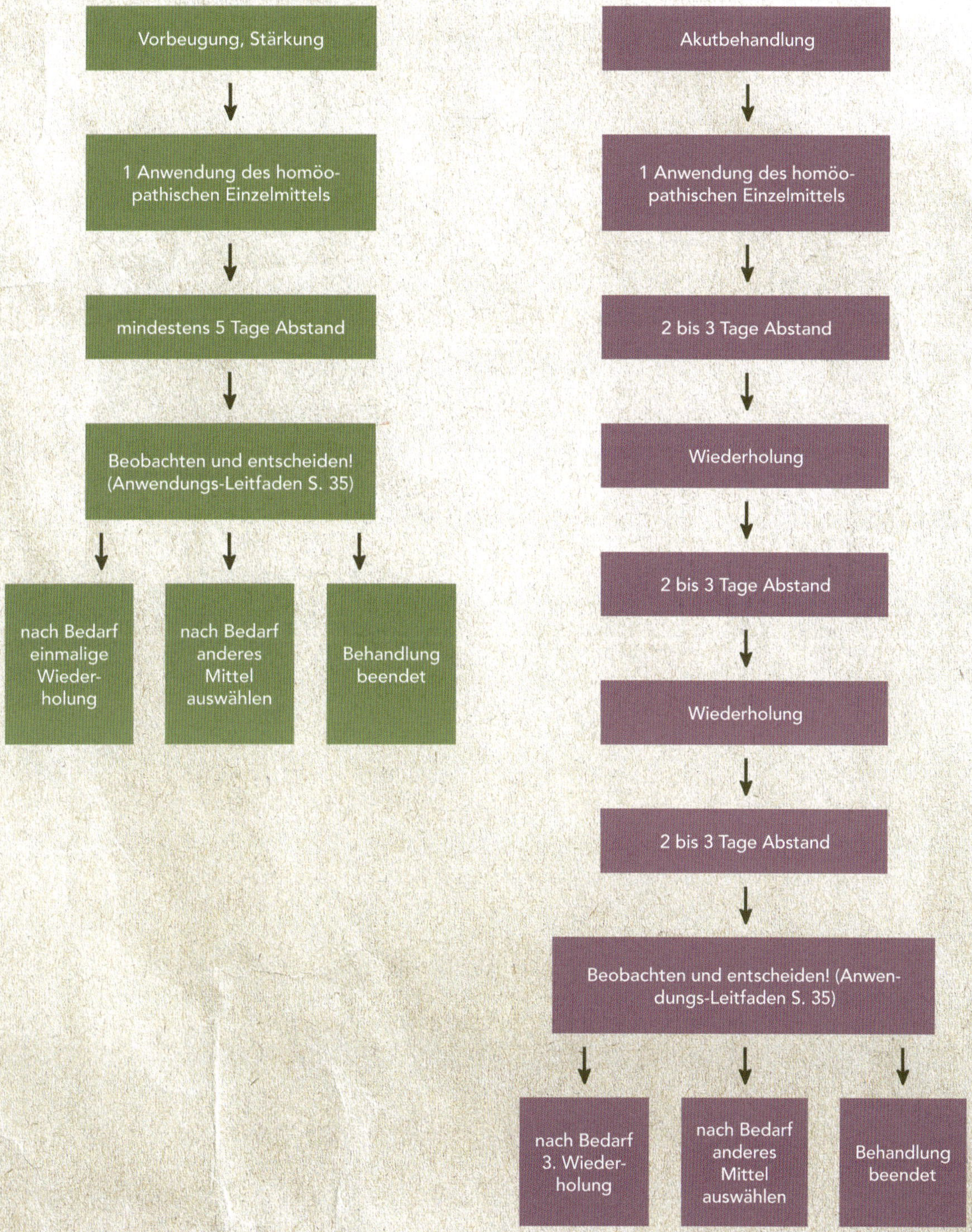

Der einfache Weg zum passenden Mittel

Wenn wir vor unserer kranken Pflanze und dem Globulisortiment sitzen, möchten wir möglichst zielgenau zum passenden homöopathischen Mittel geführt werden. Die Mittelfindung mit dem Wegweiser ist selbsterklärend: Ihr Zeigefinger findet den Weg!

Das richtige Mittel finden für »stumme« Patienten

Die Klassische Homöopathie behandelt nicht nur das Symptom, sondern den Patienten in seiner Ganzheit. Je besser ein ausgewähltes Mittel den ganzen Patienten mit all seinen individuellen Eigenschaften abbildet, umso besser kann es wirken. Was bedeutet das genau? Wir betrachten zunächst wieder ein menschliches Beispiel: Stellen Sie sich vor, jemand hat Schmerzen. Die erste Idee wäre ein Schmerzmittel, damit wäre das Symptom zunächst unterdrückt, die Beschwerden verschwinden, die Ursache ist aber nicht beseitigt. Der Patient braucht immer höhere Dosen des Schmerzmittels, und die Erkrankung könnte chronisch werden.

Die Homöopathie fragt nicht nur danach, ob jemand Schmerzen hat, sie will viel *mehr* wissen, nämlich die Auslöser und die ganz individuellen Befindlichkeiten eines Krankheitszustandes, denn sie sind wegweisend für die Auswahl des Arzneimittels.

Nun hat der Homöopath bei der Behandlung von Menschen den Vorteil, dass er mit dem Patienten sprechen kann. Wenn Tiere als Patienten auftreten, kann der Tierarzt oder Tierheilpraktiker aus dem Charakter und Verhalten des Tieres weiterführende Schlüsse ziehen, außerdem wird ihm der Tierhalter noch wichtige Informationen geben.

Doch unsere grünen Patienten sprechen nicht – wie finden wir also heraus, was das Problem ist?

Es ist zunächst wichtig, unseren Blick ebenfalls auf das Ganze zu richten:

* **Boden:** Sind ausreichend verfügbare Nährstoffe vorhanden? Oder wurde vielleicht sogar zu viel gedüngt? Gab es zuvor eine Pflanze, die bestimmte Stoffe im Boden zurückgelassen hat, die nun den Nachfolger beeinträchtigen?
* **Wasser:** Gab es längere Phasen von Staunässe oder Trockenheit? Staunässe lässt Wurzeln faulen und absterben. Länger andauernde Trockenheit kann besonders Bäume nachhaltig schädigen, die Folgen sind oft erst Jahre später erkennbar. Wasserversorgung und Bodenqualität sind eng miteinander verbunden, denn jeder Boden hat seine ihm eigene Fähigkeit, Wasser zu speichern.
* **Standort:** Sind die Temperatur-, Luft- und Lichtverhältnisse angemessen? Handelt es sich um Sonnenanbeter, die es gerne warm und trocken mögen, oder eher um Schattenliebende, die besser in kühler, feuchter Erde gedeihen? Kommt unser Patient gut mit wechselnden Bedingungen wie Zugluft oder Temperaturschwankungen zurecht, oder ist er ein Sensibelchen?
* **Umgebung:** Harmoniert die Pflanzen-Nachbarschaft oder gibt es Konkurrenzdruck?

Selbstverständlich müssen Sie solche Missstände zuerst in Ordnung bringen, bevor die Homöopathie zum Einsatz kommt.

Wenn einer oder mehrere der oben genannten Punkte als mögliche Ursache für das Problem in Frage kommen, ist schon ein großer Teil geschafft: Diese Ursachenforschung wird den Weg ebnen, leicht zum passenden Mittel zu finden. Wer mit dem Wegweiser unsicher ist oder zwischen zwei möglichen Mitteln schwankt, kann die Mittelbeschreibungen ab Seite 128 lesen und dann abwägen.

Es kann durchaus sein, dass allein durch einen Standortwechsel oder sachgerechtere Pflege eine Besserung eintritt. Dann hätten wir die Homöopathie vielleicht gar nicht benötigt. Doch in jedem Fall kann sie den Genesungsverlauf beschleunigen und die Pflanze nachhaltig und langfristig stärken. Alte, immer wiederkehrende Probleme können nachlassen oder mit der Zeit ausbleiben (siehe Seite 100).

Aus Christianes Tagebuch: Globuli als Zauberkünstler

Immer wieder werde ich auch von Landwirten um Rat gefragt. Die Homöopathie hat bei vielen Bauern mit Tierbestand einen hohen Stellenwert, da ihre kranken Tiere häufig erfolgreich damit behandelt werden. Das macht neugierig auf mehr, und nach und nach beginnen die Bauern, auch Homöopathie an ihren Pflanzenkulturen auszuprobieren.

Eines Tages im Juni ruft mich ein Landwirt aus dem weiträumigen Bodenseekreis an, der einen großen Demeter-Betrieb mit über einhundert wunderschönen, gesunden Kühen mit Hörnern hat und Kartoffeln anbaut. Er habe Probleme mit seinen Kartoffeln, es beginne die Braunfäule und er sehe schon die ersten Larven des Kartoffelkäfers. Was er denn jetzt homöopathisch tun könne, damit das alles schnell gestoppt werde. Er habe gehört, dass die Homöopathie sehr gut wirke auf den Feldern.

Bei solchen Fragen bin ich zuerst immer verblüfft und auch irgendwie fassungslos. Die Klassische Homöopathie vermag vieles – doch Zauberkünstler geben ihre Vorstellung auf der Bühne.

Ich kann es nicht oft genug betonen: Es muss rechtzeitig mit der Vorbereitung des Bodens und der Vorbeugung begonnen werden. In Monokulturen ist es grundlegend wichtig, schon frühzeitig im Jahr eine Standortanalyse zu machen. Erste homöopathische Anwendungen beginnen oft schon im Januar oder Februar. Zur Auswahl der homöopathischen Mittel beziehen wir Standort, Bodenart, Bodenprobleme und Pflanzenkrankheiten der letzten Saison mit ein, außerdem spielen die geplanten Pflanzenkulturen und -sorten eine Rolle.

Also frage ich gründlich nach. Der Bauer sagt, er habe den Kartoffelacker das erste Mal an dieser Stelle. Es sei eine leichte Hanglage, die sei allerdings etwas feucht, vor allem im unteren Bereich des Hanges. Er habe dort eine neue Sorte ausprobiert, der Züchter habe ihm versichert, diese sei robust.

Ich fasse es wirklich nicht, denn ich bin im Vergleich zu diesem versierten Kartoffelanbauer ein Laie! Doch es gehört nicht viel Fachwissen dazu, um zu erkennen, dass Kartoffeln in feuchtem, sogar nassem Boden nicht besonders gut gedeihen. Und eine nicht erprobte, neue Sorte in dieser schwierigen Lage und bei dieser Bodenbeschaffenheit einzusetzen, ist ein Wagnis, wenn der Betrieb von den Ernteerträgen leben muss. Durch den homöopathischen Einsatz erreichten wir eine Teil-Besserung, doch für mich war das nicht befriedigend.

Verletzungen

Eine Verletzung zählt zu den akuten Störungen. Pflanzen können mehrere Arten von Verletzungen haben:

* Abriss oder Abknicken von Ästen oder Trieben
* Rissverletzungen oder Abschürfungen, zum Beispiel auf der Rinde
* Schnittverletzungen
* Schlagverletzungen, zum Beispiel durch Hagel
* Wurzelverletzungen durch Umtopfen oder Versetzen

Eine starke, gesunde Pflanze wird solche Probleme auf ihre Weise lösen. Dafür haben Pflanzen viele Strategien parat. So produzieren Bäume zum Beispiel das Harz, um offene Stellen auf der Borke zu verkleben, und eine ganze Reihe von anderen Pflanzen bringt einen Saft oder Milchsaft hervor, um eine Wunde schnell zu verschließen.

Doch warum ist es wichtig, dass Schadstellen zügig und gut verschlossen werden? Es funktioniert ähnlich wie bei uns Menschen auch: Über offene Wunden können Erreger in das Innere gelangen und schwerwiegendere Erkrankungen verursachen. Das Ausströmen von Blut bringt fremde Erreger schnell nach draußen, und nach einer gewissen Zeit verklumpt das Blut und bewirkt den Verschluss der Wunde.

Für die Bäume gilt Ähnliches: Durch offene Stellen dringen vor allem Pilzerreger ein, die Fäulnis verursachen und das Holzgewebe zerstören. Das passiert besonders schnell, wenn die Schadstelle länger feucht bleibt und nicht rasch abtrocknen kann. Wenn der Pilz einmal eingedrungen ist, kann es – je nach Baumsorte und Alter – noch recht lange dauern, bis sich sichtbare Schäden zeigen, aber auf jeden Fall wird die Lebensdauer deutlich verkürzt sein. Auch bei verletzten Sträuchern und Stauden können Pilzerreger Schaden anrichten.

Wenn die Verletzung beträchtlich oder der Zeitpunkt des Ereignisses ungünstig für einen raschen Heilungsverlauf war, braucht die geschwächte Pflanze homöopathische Unterstützung. Verletzungen im Winter trocknen langsamer ab und heilen schlechter.

Gar nicht selten passiert ein Malheur beim Transport oder beim Einpflanzen. Eine unachtsame Bewegung, und von der Staude oder dem Strauch sind größere, oberirdische Teile abgebrochen oder umgeknickt. Zuerst sollte man den ramponierten Teil stützen und hochbinden. Damit die geschädigten Fasern besser zusammenwachsen, haben wir dann wirksame homöopathische Mittel zur Hand, also *Arnica C 200.*

Alle Maßnahmen wie Umtopfen, Versetzen oder Pikieren sind Kulturmaßnahmen, die wichtig sind für die Gesundheit und Weiterentwicklung bestimmter Pflanzen. Am Wurzelwerk entstehen dabei fast immer Verletzungen. Die Wurzeln von Topfpflanzen profitieren meistens von einem mutigen Rückschnitt, da altes Material entfernt und neue Wurzelbildung an-

Durch Teilen oder Versetzen werden leicht Wurzeln verletzt. Falls die Pflanze danach schwächelt, stärken wir sie homöopathisch.

Homöopathische Einsatzgebiete: Schnittmaßnahmen **(1)**, Pikieren **(2)**, Hagelschäden **(3)** oder Rissverletzungen durch Schneebruch **(4)**.

geregt wird. Das Versetzen oder Pikieren ist eine fast meditative Standardübung bei allen, die eigene Jungpflanzen großziehen möchten, und braucht schon ein bisschen Fingerspitzengefühl.

Nach solchen Aktionen möchten wir natürlich immer, dass sich die Pflanze mit einem Wachstumsschub bedankt. Aber es gibt auch Exemplare, die anschließend Schwierigkeiten haben, wieder vital zu werden. Zuverlässige Unterstützung nach diesem stressigen Prozedere bieten uns einige homöopathische »Verletzungsmittel«, wie beispielsweise *Arnica C 200* oder *Calendula C 30*.

Wir sollten uns bewusst sein, dass jede Schnittmaßnahme natürliche Schutzmechanismen stört. Je länger die Zeitspanne zwischen Schnitt und Neuaustrieb dauert, umso tiefgreifender können Schäden sein. Aber ein Rückschnitt hat auch Vorteile, so soll er übergriffige Exemplare im Zaum halten und ältere verjüngen, Luft und Licht in zu dichte Bereiche bringen und den Ernteertrag steigern. Wer also viel Schnittarbeiten an Bäumen vornehmen muss und

Die Harzproduktion ist ein natürlicher Wundverschluss. Falls der Baum an vielen Stellen oder sehr stark »blutet«, kann *Arnica C 200* Abhilfe schaffen.

Es wäre einen Versuch wert, den abgebrochenen Trieb hochzubinden und die Tomatenpflanze mit *Calendula C 30* zu behandeln.

fachgerecht handeln möchte, ist mit entsprechender Literatur oder einem Kurs beim Profi gut beraten.

Für alle »Opfer«, vom Obstbaum über Sträucher bis hin zu Rosen, brauchen wir auf jeden Fall scharfe und saubere Werkzeuge. Der Schnitt sollte glatt und ohne Quetschungen möglich sein, und die Schneidflächen von Schere oder Säge werden mit heißem Wasser und einer groben Bürste gereinigt. Ich warne davor, mit ein und derselben Schere dem gesamten Garten zu Leibe zu rücken, denn Erreger werden auf diese Art und Weise leicht von einer befallenen Pflanze auf andere übertragen. Nachdem Sie also im Rosenbeet tätig waren, reinigen Sie das Werkzeug, bevor Sie zur Hecke marschieren.

Nicht jede Pflanze ist gleichermaßen anfällig für Krankheitserreger, aber da wir das im Voraus nicht wissen und sich manche Krankheit durchaus heimtückisch erst nach einiger Zeit zeigt, lautet meine Empfehlung, die betroffenen Pflanzen nach jeder Schnittmaßnahme mit *Staphisagria C 200* zu schützen und zu stärken.

* MAUTE-RUNDUM®

Der Name ist Programm: Es ist ein vielseitiger Allrounder und macht unsere Pflanzen rundum kräftig! Maute-Rundum® kann mehrmals im Jahr, auch vorbeugend, bei unklaren Problemen wirken. Die Ausgangssubstanz ist eine Pflanze mit herausragenden Eigenschaften, denn sie

* leidet nie unter Schädlingsbefall,
* ist robust gegenüber Pflanzenkrankheiten,
* ist winterhart und immergrün,
* ist ein Bienen- und Insektenmagnet.

Christiane wollte diese Kraft für andere Pflanzen nutzbar machen. Die homöopathischen Globuli wurden 2017 vom Bundesamt für Verbraucherschutz und Lebensmittelsicherheit (BVL) in die Liste der Pflanzenstärkungsmittel aufgenommen. Maute-Rundum® wird dosiert wie in der Tabelle auf Seite 33 für C 30 angegeben.
Erhältlich ist es unter
www.maute-pflanzenhomöopathie.de.

Scharfe und sauber gereinigte Schneidwerkzeuge verhindern die Übertragung von Krankheitskeimen.

Der Wegweiser unten zeigt mögliche Verletzungen und die entsprechenden Mittel. Eine einmalige Anwendung ist ausreichend (siehe Anwendungs-Leitfaden Seite 35).

Witterungsschäden: Temperatur

Das Wetter mit all seinen Facetten zählt zu den wichtigsten Faktoren für gutes Gedeihen unserer Pflanzen. Egal ob außergewöhnlich starke Kälte oder Hitze: Ist der Schaden zu groß, droht ein Absterben der Pflanze. Im Hausgarten haben wir einige Möglichkeiten, um extreme Einflüsse zu verhindern, etwa durch diverse Winterschutz-Maßnahmen, die Aufzucht in Frühbeeten oder Gewächshäusern oder Beschattung bei starker Sonneneinstrahlung. Wo das nicht zu bewerkstelligen ist oder wenn uns ein Wettergeschehen schonungslos erwischt hat, stehen eine ganze Reihe homöopathischer Mittel zur Verfügung. Diese Maßnahme der Schadensbegrenzung ist einzigartig, denn es gibt nirgendwo irgendeine andere Möglichkeit, Schäden durch Witterung auszugleichen. Vor allem die vorbeugende Anwendung ist interessant (siehe Maute-ABC-Methode Seite 49).

Doch was genau kann die Homöopathie eigentlich tun?

Was Homöopathie *nicht* kann, ist das Wiederbeleben abgestorbener Pflanzenteile. Doch ein Witterungsschaden hat ja auf die Ganzheit der Pflanze einen schwächenden Effekt, also wird unser individuell ausgewähltes Globuliwasser die Pflanze dazu bringen,

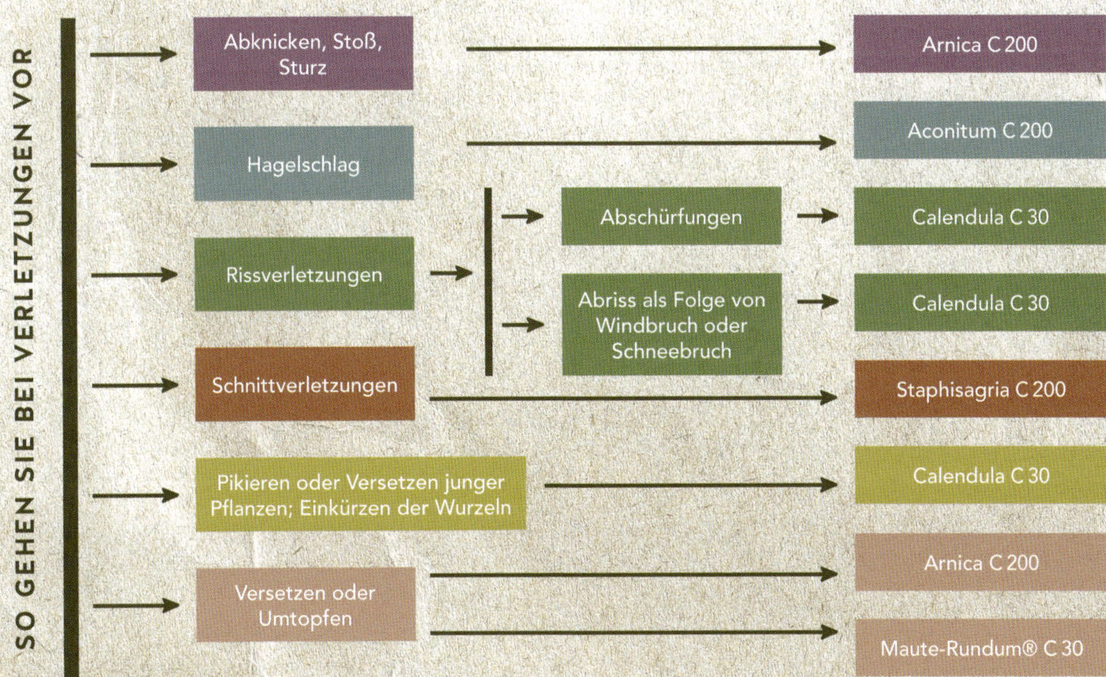

abgestorbene Teile rasch abzustoßen und Kräfte für einen zügigen Neuaustrieb zu mobilisieren.

Bei der Behandlung von Menschen spielt oft die Einwirkung von Kälte oder Nässe eine entscheidende Rolle, sie ist häufig Auslöser für verschiedenste Erkrankungen. Denken wir nur daran, wie oft jemand darüber klagt, dass ein eisiger Nordwind ihm die Erkältung beschert habe. Daher ist die Liste von »Kälte- oder Nässemitteln« in den homöopathischen Lehrbüchern umfangreich. Für den Garten bleibt die Liste an hilfreichen Mitteln vergleichsweise überschaubar.

Temperaturschäden an Pflanzen entstehen durch extremen Frost/extreme Kälte oder durch Hitze.

Kältefolgen bedeuten, dass Blätter oder Pflanzenteile absterben, weil das in den Pflanzenzellen enthaltene Wasser gefriert. Gefrorenes Wasser braucht mehr Platz, es dehnt sich aus und die Zellen werden zerstört. In diesen Teilen der Pflanze findet dann kein Stoffwechsel mehr statt. Dadurch dass das Gewebswasser gefroren ist, entsteht zusätzlich auch Trockenstress. Viele Pflanzen haben aber wirksame Mechanismen des Frostschutzes entwickelt. Kurz und knapp zusammengefasst lässt sich das so erklären: Sie lagern Zucker und Frostschutzproteine in ihren Zellen ein. Außerdem werden empfindliche Teile vor Beginn der Kälteperiode abgeworfen, zum Beispiel das Laub. Bei abnehmendem Tageslicht und zunehmender Kälte wird der Stoffwechsel heruntergefahren. Folglich reduziert sich pünktlich vor der Wintersaison der Wassergehalt der Pflanzenzellen, die Zellsäfte verändern ihre chemische Zusammensetzung. Wenn die Abkühlung ganz allmählich stattfindet, also während der Herbstwochen, hat die Pflanze ausreichend Zeit, den Stoffwechsel zu verlangsamen. Dann ist sie auf den darauffolgenden Frost gut vorbereitet. Jetzt verstehen wir auch, weshalb plötzliche Temperaturstürze oder Frosteinbrüche so zerstörerisch wirken. Besonders tückisch sind Spätfröste im Frühjahr, wenn Pflanzen schon begonnen haben, ihre Frostschutzmechanismen wieder herunterzufahren.

Probleme durch Hitze und Trockenheit treten manchmal schon während des Frühlings und sehr häufig im Sommer auf. Selbstverständlich haben Pflanzen auch dann ihre eigenen Behelfsmittel. Ist es heiß, aber noch genügend Feuchtigkeit im Erdreich vorhanden, kühlen sie sich selbst durch erhöhte Verdunstung. Aber bei anhaltender Trockenheit funktioniert das nicht mehr, dann rollen viele Arten ihre Blätter ein und leben auf Sparflamme, weil damit auch die Fotosynthese reduziert ist. Durch verstärktes Wurzelwachstum nach unten werden Wasserreserven in tieferen Bodenschichten angezapft, aber auch diese Strategie hat ihre Grenzen. Eine Pflanze, die lange Zeit der Hitze und Trockenheit ausgesetzt war, kann sich ganz allgemein nicht gut entwickeln. So kann schon im Blütenstadium der Schaden an den Pollen bewirken, dass andere Blüten nicht mehr befruchtet werden. Obstbäume und -sträucher brauchen ausreichend

Eingerollte Blätter können auf Wassermangel und Trockenstress hindeuten. Gerade Tomaten brauchen eine gleichmäßige Wasserversorgung.

SO GEHEN SIE BEI TEMPERATURSCHÄDEN VOR

Ursache	Symptome	Mittel
Frost (→ Maute-ABC-Methode (s. S. 49))	Plötzlicher* Frost, Eis, Nordwind. Blassgraue, glasige oder helle Verfärbungen	Aconitum C 200
	Plötzlicher* Frost und/oder Sonneneinstrahlung, Wintersonne. Rotbraune Verfärbungen	Belladonna C 200
	Rissverletzungen an Sträuchern und Rosen mit empfindlicher Rinde	Calendula C 30
	Anthrazit-schwarze Verfärbungen	Carbo vegetabilis C 30
	Rissverletzungen an Pflanzen mit harten Blättern und/oder grober Rinde	Petroleum C 30
Kälte	Trockene Kälte. Blassgrüne oder helle Verfärbungen	Aconitum C 200
	Kälte und Nässe. Rötlich braune Verfärbungen	Belladonna C 200
	Anthrazit-schwarze Verfärbungen	Carbo vegetabilis C 30
	Kälte und Nässe, Staunässe im Wurzelbereich, schwache Pflanze	Silicea C 200
	Kälte und Nässe, kalt-nebliges Wetter, Staunässe	Thuja C 200
Wärme und Hitze	Schwäche mit schnellem Vertrocknen und/oder nach langer Trockenheit. Rissiger Boden	Arsenicum album C 200
	Frost und anschließende Sonneneinstrahlung, Sonnenbrand. Rötlich braune Verfärbungen	Belladonna C 200
	Schwülwarme Witterung, hohe Luftfeuchtigkeit	Natrium sulfuricum C 30
	Wärme- oder Hitzeschaden an schwachen Pflanzen	Silicea C 200
	Hitze- und Dürreschaden, Wiederherstellung von Gleichgewicht im Wasserhaushalt	Solidago C 30
	Trockenheit, Wassermangel, gestörte Wasseraufnahme	Sulfur C 200

* **Plötzlich** auftretende Wetterereignisse sind extreme Temperaturveränderungen innerhalb kürzester Zeit.

Wassermangel während der Blütezeit kann die Ausbildung von Früchten stark reduzieren. Die Pflanze lebt »auf Sparflamme«.

Wasser zur Ausbildung von Fruchtansätzen, und die Früchte müssen Wasser einlagern, um groß zu werden. Rasenflächen brauchen regelmäßige Bewässerung oder werden braun. Auch die kräftige Wintersonne oder ein Sonnenbrand im Hochsommer lassen Pflanzenzellen absterben.

Im Wegweiser auf Seite 47 von links nach rechts wandernd sehen wir die Witterung und die entsprechende Folge oder das Symptom, welches sich an der Pflanze zeigt. Vielleicht scheint es zunächst schwierig zu sein, genau das richtige homöopathische Mittel auszuwählen. Teilweise ähneln sich die Beschreibungen auch, beispielsweise bei *Solidago C 30* und *Sulfur C 200*. Davon lassen wir uns jedoch überhaupt nicht entmutigen, denn die gute Nachricht lautet, dass keine gravierenden Fehler passieren, falls das ausgewählte homöopathische Mittel nur der zweitbeste Treffer war. Ein oder zwei Anwendungen sind ausreichend (siehe Seite 37). Im Winter beachten wir den Wetterbericht und gießen zu Beginn einer vier- oder fünftägigen frostfreien Phase.

Starker Frost kann die Borke aufplatzen lassen und tiefe Rissverletzungen verursachen.

EXTRA: Maute-ABC-Methode

Das Durchstarter-Trio in den Frühling

Die Methode basiert auf den Erfahrungen von Christiane und hat sich bei allen mehrjährigen Pflanzen bewährt. Die Pflanzen gehen mit einer guten Basisstärkung aus der Winterzeit in die neue Saison, Pflanzenkrankheiten oder Schädlinge treten deutlich später im Jahr oder in schwächerer Ausprägung auf.

Anwendung bei Schäden durch Frost, Kälte und Wintersonne:

A: Vor Frost (vorbeugend) oder nach Frosteinbruch: einmal *Aconitum C 200*

B: Ein bis mehrere Wochen später: einmal *Belladonna C 200*

C: Ein bis mehrere Wochen später: einmal *Calendula C 30*

Anwendung vorbeugend, im Akutfall und als Nachbehandlung:

* Zur Vorbeugung: Bevor der Wetterdienst Frost ankündigt, können empfindliche Pflanzen mit dem ersten Mittel aus der Reihe, *Aconitum C 200*, gestärkt werden. Dies kann zum Beispiel auch schon im November gegossen werden, dann folgen die weiteren Mittel im neuen Jahr. Somit kann durchaus eine Pause von mehreren Wochen zwischen den Anwendungen eintreten.
* Im Akutfall: wenn der Schaden frisch oder vor wenigen Tagen aufgetreten ist.
* Als Nachbehandlung: wenn auch mehrere Wochen nach der kalten Jahreszeit immer noch eine Schwäche zu sehen ist.

TIPP

Wie kann man erkennen, ob eine Pflanze noch ein lebendiges Inneres hat? Ganz einfach: Man kratzt mit dem Fingernagel vorsichtig die Rinde an. Wenn sich frisches, zartgrünes Gewebe zeigt, ist die Pflanze noch intakt.

Die Salbeipflanze hat einen idealen Standort an der wärmenden Steinmauer. Trotzdem startet sie schwächlich ins Frühjahr.

Die Maute-ABC-Methode hat innerhalb von drei Wochen neue Vitalität gebracht. Gegossen wurde immer an frostfreien Tagen.

Aus Christianes Tagebuch: Zwetschgen vom Zahnarzt

Unser Zahnarzt ist ein weltoffener, sehr interessierter Mensch. Seine Behandlungen haben mir sehr geholfen. Immer wenn ich bei ihm zur Kontrolle bin, schaut er nicht nur gründlichst nach meinen »Beißwerkzeugen«, sondern fragt auch nach unseren Pflanzenbehandlungen und den Erfahrungen damit.

Natürlich kommen wir dabei auch auf seinen Garten zu sprechen. So erzählte er mir, dass sein Zwetschgenbaum noch nie richtig geblüht habe, und wenn dieser »versehentlich« einige Blüten angesetzt habe, habe man manchmal einige Zwetschgen ernten können.

In unserer Gegend kommt es immer wieder vor, dass Bäume im späteren Frühjahr nochmals mit Spätfrösten zu kämpfen haben. Frost schädigt Knospe, Blüte und die nachfolgende Frucht. Deshalb empfehle ich Herrn Doktor unsere »Schubladen-Verordnung«, die Maute-ABC-Methode.

Nach meiner genauen Anweisung goss unser Zahnarzt Ende Februar den Wurzelbereich seines Zwetschgenbaumes sowie den unteren Teil des Stammes mit Aconitum C 200. Nach 14-tägiger Wartezeit wurde der Baum mit Belladonna C 200 versorgt und zum Abschluss erhielt er Ende März eine Calendula-C 30-Gabe.

Damit war meine Aufgabe vorerst erfüllt. Das Jahr verging im Sauseschritt und ich dachte nicht mehr an den Obstbaum unseres Dentisten.

In unserem Hausgarten steht ein alter, verkrüppelt aussehender 42-jähriger Zwetschgenbaum, dessen Rinde große Risse aufweist, der jedoch die köstlichsten späten »Südtiroler« Zwetschgen liefert. Normalerweise wird ein Zwetschgenbaum maximal 20 bis 25 Jahre alt. Trotz seines Alters trägt unser Baum-Methusalem jährlich ausreichend Früchte für feine Zwetschgenkuchen, saftige Zwetschgenknödel, schmackhaftes Zwetschgenmus – und die Nachbarn freuen sich auch über die Nascherei. Wir hofieren ihn natürlich homöopathisch, was ihn offensichtlich am Leben hält. Auch in diesem Jahr hatten wir wieder sehr viele Früchte.

Nun war ich erleichtert, dass ich endlich unseren reichlichen Erntesegen gut verarbeitet hatte und meiner normalen Arbeit nachgehen konnte, die in letzter Zeit ins Abseits geraten war.

Als ich nach einer Besorgung wieder zu Hause ankam, standen vor unserer Haustür zwei riesige »Überraschungstüten« voller Zwetschgen mit folgender Info: »Liebe Frau Maute, diese und noch viel mehr Früchte haben wir das erste Mal seit vielen Jahren geerntet. Vielen Dank. Wir wollten Sie gerne an unserem Ernteglück teilhaben lassen!« Und ich sagte »danke« für eine sehr gesunde, schmackhafte Hauszwetschge. Der Zwetschgenkuchen schmeckte uns und unseren Nachbarn köstlich.

Witterungsschäden: Niederschläge

Pflanzen brauchen Wasser. Die meisten Pflanzen sind unempfindlich gegenüber viel Wasser von oben. Doch je nach Wassermenge, Pflanzenart und Standort kann ein **Zuviel an Niederschlag** verschiedene Probleme nach sich ziehen. Es gibt Arten, die mit Verfärbungen oder Krankheitszeichen reagieren, wenn die Blätter zu lange nass bleiben und nicht regelmäßig abtrocknen können, wie beispielsweise Rosen, Kartoffeln oder Tomaten. Auf manchen Blattformen läuft das Regenwasser an den Blatträndern zusammen, dort bleibt es dann besonders lange nass. Nach einer längeren Regenperiode sind viele Pflanzen anfälliger für Pilzerkrankungen.

In dem Wegweiser auf Seite 52 finden sich einige homöopathische Mittel, welche nach zu viel Regen angewendet werden können. Beim Vergleich mit den Pilzerkrankungen (siehe Seite 65) sehen Sie, dass sich die Mittel fast gleichen, da Witterung und Ausbruch einer Krankheit oft sehr eng zusammenhängen.

Bei entsprechend anfälligen Pflanzen ist es also vorausschauend, nach einer Regenperiode eines der passenden Mittel anzuwenden. So könnte eine drohende Pilzerkrankung verhindert oder ausgebremst werden.

Bei sehr nassem Erdreich oder Staunässe macht es wenig Sinn, noch mit einer Portion Globuliwasser zu gießen. Daher lassen wir bei Kübel- und Topfpflanzen vorher die Erde etwas abtrocknen. Im Garten kann man nach der Regenperiode die homöopathische Behandlung in kleinen Mengen löffelweise geben.

Staunässe im Freiland kommt eher bei schweren, lehmigen Böden vor, außerdem bei Kübelpflanzen. Die Pflanzen bekommen »nasse Füße«, und da die Wurzeln ständig von Wasser umgeben sind, ist die Aufnahme von Sauerstoff nicht mehr gegeben. Wenn Wasser nicht absorbiert wird oder nicht abfließt, kann Fäulnis durch Bakterien und Pilze entstehen. Bei lange andauernder Staunässe werden die Wurzeln von diesen Erregern befallen und sterben ab. Es ist vernünftig, durch Lockerung des Bodens und Beimischung von Sand, Substrat oder Kompost einen Ausgleich zu schaffen.

Sehen oberirdische Pflanzenteile schon sehr mitgenommen aus, sollte man unbedingt auch die Wurzel inspizieren und unsere feine Nase zu Hilfe nehmen: Sehen die Wurzeln matschig oder glasig aus und müffelt das Erdreich modrig, alt oder abgestanden? Ein Rückschnitt der befallenen Teile und Austausch der Erde sind schon der erste Beitrag zur Besserung.

Wenn der **Niederschlag in gefrorener Form** vom Himmel kommt, ist der Schaden ganz akut und oft ziemlich zerstörerisch. Pflanzen werden nicht nur durch die Schlagkraft der Hagelkörner ramponiert, sondern bekommen auch noch einen Temperaturschock verpasst. Eiskügelchen oder Eisregen schlägt Löcher in Blüten und Blätter, bringt Fruchthäute zum Aufplatzen und kann sogar ganze Bäume entlauben

Lang andauernde Regenperioden lassen Tomatengärtner unruhig werden, denn Nässe ist meist Auslöser für Pilzerkrankungen wie Braunfäule.

SO GEHEN SIE BEI SCHÄDEN DURCH NIEDERSCHLÄGE VOR

Niederschlag	Schadensbild	Mittel
Regen	Lang andauernde Blattnässe	Belladonna C 200
Regen	Staunässe nach schwülwarmer Witterung mit nachfolgenden Pilzkrankheiten	Natrium sulfuricum C 30
Regen	Kalte Staunässe mit faulenden Wurzeln	Silicea C 200
Regen	Staunässe mit modrig-fauliger Erde oder/und nachfolgenden Pilzkrankheiten	Sulfur C 200
Regen	Staunässe, evtl. mit nachfolgenden Pilz- oder Viruserkrankungen	Thuja C 200
Hagel	Plötzlicher Temperatursturz mit Hagel	Aconitum C 200
Hagel	Schlagverletzungen an Pflanzenteilen	Arnica C 200
Hagel	Oberflächliche Abschürfungen oder Risse an Pflanzenteilen	Calendula C 30

oder Äste abreißen. Die dann offenen Stellen sind wiederum Eintrittspforten für Krankheitserreger.
Witterungsschäden an Nutzpflanzen wie Obstbäumen oder Gemüse können die Ernte massiv reduzieren.
Die komplette Reparatur geschädigter Teile oder die Wiederherstellung des früheren, intakten Zustandes werden wir nicht erreichen. Doch das homöopathische Mittel gibt der Pflanze einen starken, tiefen Reiz zur Regeneration und zum Neuaustrieb.
Es kann sinnvoll sein, bei größeren Schäden zwei Mittel nacheinander anzuwenden. Die Reihenfolge der angewandten Mittel ergibt sich aus der Reihenfolge der Ereignisse: Welche Schädigung kam zuerst?
Falls Hagel niedergegangen ist und neben dem Kälteschock zusätzlich größere Verletzungen an der Pflanze verursacht hat, wäre die erste Maßnahme *Aconitum C 200*. Etwa eine Woche danach kann man mit *Arnica C 200* die Behandlung abschließen. Falls ein feiner Eisregen vorwiegend Abschürfungen oder Risse verursacht hat, wäre das zweite Mittel nach *Aconitum C 200* dann *Calendula C 30*.

Alle Teile des Blauen Eisenhuts sind extrem giftig. Seine Wirkstoffe dienen zur Herstellung des homöopathischen Mittels Aconitum.

Lang anhaltende Staunässe kann Wurzeln schädigen und Pflanzen absterben lassen. Eine kritische Beurteilung der Bodenbeschaffenheit ist wichtig.

Schädlinge

Nahezu jeder Gartenbesitzer, Balkonbewohner oder Zimmerpflanzenliebhaber hat schon einmal Bekanntschaft mit Pflanzenschädlingen gemacht.

So schützen sich die Pflanzen natürlicherweise vor Schädlingen

Es ist interessant, sich genauer anzuschauen, welche natürlichen Strategien die Pflanzen geschaffen haben, um sich ohne unser Mitwirken vor ungebetenen Gästen zu schützen. Auf den ersten Blick sichtbar und auch spürbar ist die Abwehr durch Dornen, Stacheln, Borsten, Haare oder Widerhaken. Dort haben größere Störer, wie beispielsweise Käfer oder Vögel, keinen angenehmen Aufenthalt. Eine Wachsschicht auf Blättern und Nadeln macht das Eindringen ins Gewebe schwierig. Ganz gemein sind Brennhaare. Viele Vertreter im Pflanzenreich haben auch ausgeklügelte chemische Strategien entwickelt, um sich selbst möglichst unattraktiv zu machen. Sie sind in der Lage, Gift- oder Bitterstoffe herzustellen, sodass den Eindringlingen schnell der Appetit vergeht. Manche bilden harzige oder klebrige Sekrete, die ausgestoßen werden, sobald ein ungebetener Gast beißt oder nagt. Pflanzen bilden sogar Stoffe, mit denen sie natürliche Feinde anlocken, um die Schädlinge in Schach zu halten.

Viele Pflanzen wie hier die Brennnessel haben wirkungsvolle Strategien, um es möglichen Fressfeinden ungemütlich zu machen.

Ein besonders faszinierendes Gebiet ist die Kommunikation der Pflanzen untereinander, denn viele Arten warnen sich gegenseitig, sodass der Nachbar einen zeitlichen Vorsprung für die Produktion seiner Abwehrstoffe gewinnt.
Aber im Laufe der Zeit können Angreifer gegenüber diesen Stoffen immun werden. Außerdem haben sich mit den Züchtungen in Richtung Ertrag, Geschmack oder Optik viele dieser Strategien zurückentwickelt. Man hat festgestellt, dass hochgezüchtete oder gentechnisch veränderte Pflanzen diese Selbsthilfekräfte weitgehend verloren haben.
Unser erster Gedanke bei Schädlingsbefall ist: Die müssen weg, also Waffen schärfen und zum Kampf aufrufen! Doch die Idee eines Schlachtfeldes in meinem Garten gefällt mir gar nicht, denn aus einem Kampf geht immer ein Sieger und ein Verlierer hervor. Ich bin mir gar nicht so sicher, wer auf lange Sicht am Ende wirklich der Gewinner ist, nachdem die chemische Keule alles gesäubert hat.

So hilft die Homöopathie gegen Schädlinge

Die meisten Menschen, allen voran Familien mit Kindern und Haustieren sowie Nutzgarten-Fans, möchten auf jeden Fall ungiftige Möglichkeiten zur Hand haben. Von der Homöopathie wissen wir ja nun, dass sie Lebewesen nicht töten oder zerstören kann. Doch was können Globuli hier ausrichten? Das Prinzip der homöopathischen Behandlung ist nicht gegen die Schädlinge, sondern für die Pflanze. Die Pflanze wird gestärkt, sodass Schädlinge vertrieben werden. Als Er-

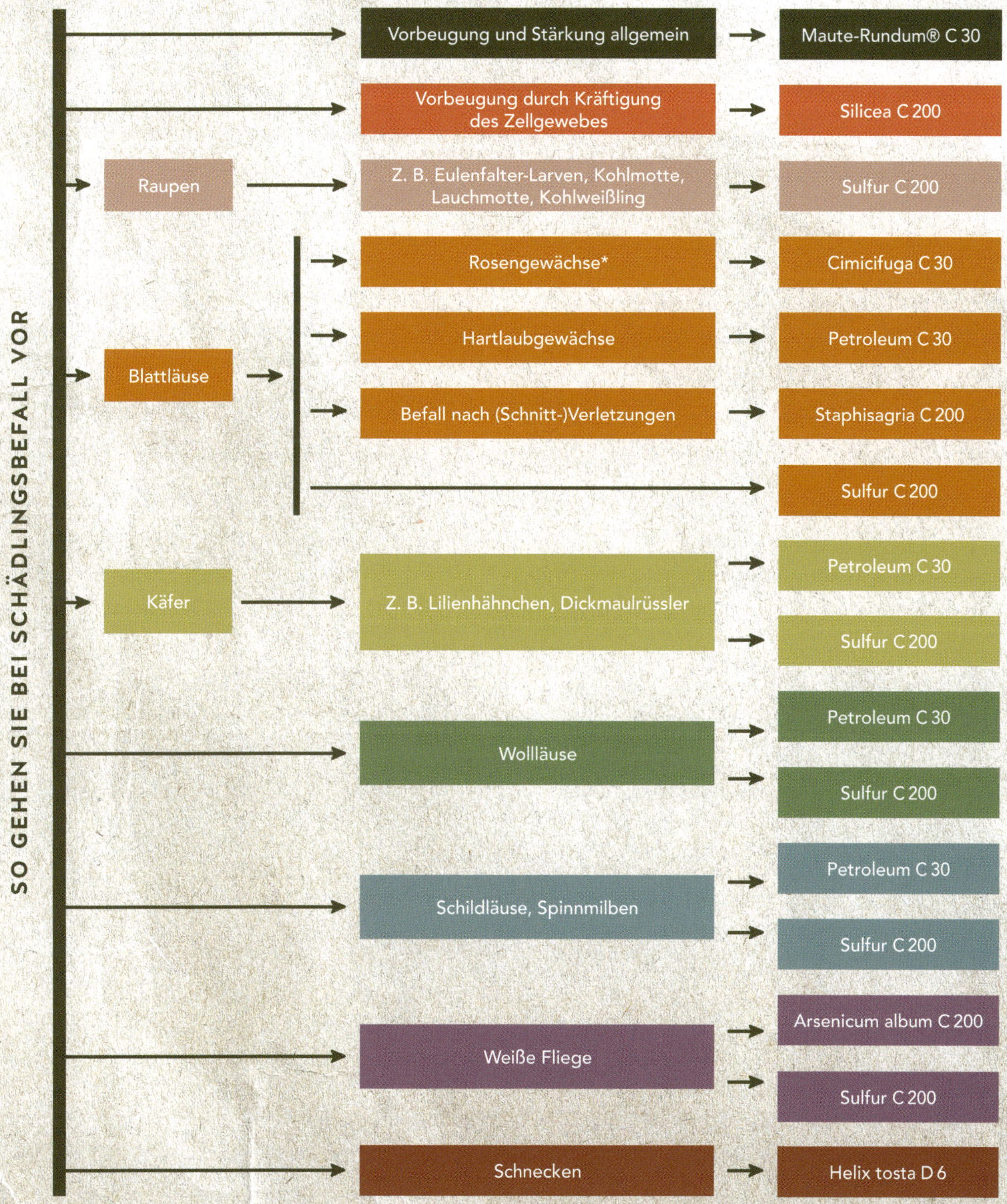

* **Rosengewächse** bezeichnet alle Pflanzen der *Rosaceae*-Familie: Rosensträucher, Brombeeren, Erdbeeren, Himbeeren; Obstbäume wie Apfel, Birne, Kirsche, Zwetschge, Aprikose und andere.

Gegen viele Schädlinge gibt es ein Homöopathikum: Wollläuse **(1)**, Spinnmilben **(2)**, Blattläuse **(3)**, Oleanderlaus **(4)**.

gebnis werden wir manchmal keine vollständige Beseitigung aller Ungeziefer erreichen. Doch die gestärkte Pflanze kann dem Schädlingsdruck besser standhalten, der Befall wird sich dezimieren, später im Jahr auftreten oder gänzlich ausbleiben.

Wenn wir von unseren Pflanzen wissen, dass sie in früheren Jahren öfter von Schädlingen geplagt waren, können wir bei Freilandpflanzen eine vorbeugende Behandlung vornehmen, am besten im März oder April. Das homöopathische »Schädlingsmittel« wird einmal gegossen. Bodenbewohner wie zum Beispiel Erdraupen können mit ein bis zwei vorbeugenden Anwendungen mit *Sulfur C 200* ungefähr eine Woche vor der Aussaat oder Pflanzung vergrämt werden.

Die weitere Orientierung liefert uns wieder der Wegweiser auf Seite 55. Es ist unmöglich, alle Arten von Schädlingen und die passenden Homöopathika aufzulisten. Hier wurden nur die wichtigsten berücksichtigt. Wer zunächst kein eindeutig passendes Mittel im Visier hat, startet einfach mit dem Schädlings-Allrounder *Sulfur C 200*.

DIE PS-KUR

Die PS-Kur hat sich besonders bei Schildläusen, Wollläusen oder Spinnmilben bewährt, außerdem in anderen, besonders hartnäckigen Fällen, falls die Schädlinge von einem Einzelmittel unbeeindruckt geblieben sind.

Ebenso empfohlen wird die PS-Kur auf Hartlaubgewächsen wie zum Beispiel Lorbeer, Oleander, Rhododendron, Glanzmispel, Palmen, Oliven, Zitruspflanzen, Gummibäumen, Orchideen und anderen.

Für die Kur benötigen Sie die homöopathischen Mittel *Petroleum C 30* und *Sulfur C 200*. Sie werden wechselweise jeden zweiten Tag gegossen.

Beispiel:

* Erster Tag: *Petroleum C 30*
* Dritter Tag: *Sulfur C 200*
* Fünfter Tag: *Petroleum C 30*

und so weiter, bis Sie insgesamt sechs Anwendungen durchgeführt haben.

Die Schildläuse auf der Zitronenpflanze zeigen sich als kleine, hellbraune, halbrunde Erhebungen. Leider sind Schildläuse sehr hartnäckig.

GÄRTNERSCHRECK: SCHNECKEN

Wer hätte das gedacht: Nicht alle glitschigen Gartenbewohner müssen uns in Alarmbereitschaft versetzen. Wer die **Tigerschnecke (lat. *Limax maximus*)** entdeckt, sollte sämtliche rabiaten oder zerstörerischen Maßnahmen auf Eis legen, denn dieses Geschöpf verschmäht frische Pflanzenkost. Auf dem Speiseplan stehen vorwiegend tote Tiere, Moose und Pilze. Es geht aber noch besser: Dieser Spezialist frisst die gefürchteten Nacktschnecken und deren Eier!

Schneckenabwehr geht auch homöopathisch. Das Mittel *Helix tosta D 6* vermiest den gefräßigen Schleimern den Appetit, wenn es einmal wöchentlich über das Blattwerk der Lieblingsspeisen gegossen wird. Während Regenperioden erfolgen die Anwendungen jeden zweiten oder dritten Tag. Man kann auch ein Areal vor Kahlfraß bewahren, indem man einen unsichtbaren Schneckenzaun aus *Helix-tosta-D 6*-Globuliwasser gießt.

Bei manchen Schädlingsarten sind mehrere homöopathische Mittel angegeben. Dann kommen uns die Mittel-Beschreibungen ab Seite 124 zu Hilfe. Außerdem kann das aktuelle Wetter einen Hinweis zum geplanten Mittel liefern. Das vergleichende Lesen der zwei oder drei möglichen Mittel untermauert die Auswahl. Wo es möglich ist, gießen wir auch über das Blattwerk. Bei beginnendem leichtem Befall werden zwei Anwendungen im Abstand von etwa einer Woche ausreichend sein, und die Missetäter bleiben unter kritischer Beobachtung. Bei einer heftigeren Invasion braucht die Pflanze drei bis vier Behandlungen jeden zweiten oder dritten Tag (siehe Seite 37).

Wer den unbeliebten Nacktschnecken von Hand zu Leibe rücken möchte, kann im Herbst die frischen Gelege suchen und entfernen. Die stecknadelkopfgroßen, milchig-weißen Eier befinden sich unter Pflanzkübeln, in Ritzen und Spalten oder unter lockeren Steinen. Das »Schneckenmittel« *Helix tosta D 6* ist nicht in jeder Apotheke erhältlich. Hinweise zu Bezugsquellen und Lieferanten finden Sie auf Seite 141.

Tigerschnecken (oder Tigerschnegel) verursachen keine umfangreichen Fraßschäden an Pflanzen. Sie helfen sogar beim Dezimieren der Nacktschnecken.

Extra: Buchsbaumzünsler

Buchsbaumzünsler *(Cydalima perspectalis)* wurden zu Beginn des 21. Jahrhunderts aus Asien zu uns eingeschleppt. Aufgrund der immer milderen Temperaturen entstehen mittlerweile bis zu fünf Raupengenerationen pro Jahr, beginnend ab März oder April. Die Raupen schlüpfen aus Eiern, die die weiß-braunen Kleinfalter an die Unterseite der Buchsblätter gelegt haben. Meistens entdecken wir die Falter gar nicht, da sie nachtaktiv sind, sich an anderen Pflanzen aufhalten und nur zur Eiablage den Buchs aufsuchen. Auch die Raupen sind im Blattwerk der Pflanze nicht gut erkennbar und durch ihre grün-schwarze Färbung getarnt. Sie schützen sich durch ein dichtes Gespinst. Die Fraßschäden sind enorm, ihr ausgezeichneter Appetit kann in kurzer Zeit einen Kahlfraß verursachen. Je dichter das Blattwerk ist, umso massiver kann sich eine Zünslergeneration ausbreiten. Deshalb ist es wichtig, die Globulilösung über die Blätter zu gießen. Ein engagierter Rückschnitt sowie Abschütteln, Absprühen mit starkem Wasserstrahl und Absammeln der Raupen sind einfache mechanische Maßnahmen.

Inzwischen helfen auch Vögel bei der Bekämpfung mit. Wer also seinen Garten besonders einladend für solche Gäste gestaltet und beispielsweise eine Vogeltränke und anziehende Futterpflanzen bietet, bekommt fliegende Unterstützung.

Die homöopathische Behandlung erfolgt mit zwei Mitteln, die ausnahmsweise zusammengemischt gegossen werden, da unsere Erfahrungen mit beiden Mitteln bei diesen Vielfraßen sehr gut sind. *Sulfur C 200* und *Thuja C 30* bzw. *Thuja C 200* werden mindestens drei- bis viermal pro Saison eingesetzt.

Wir empfehlen, beim ersten Mal im Frühjahr *Thuja C 30* zu nehmen und dann auf *C 200* zu erhöhen.

* März/April: 1 Anwendung *Sulfur C 200 + Thuja C 30*
* Mai/Juni: 1 Anwendung *Sulfur C 200 + Thuja C 200*
* Juli/August: 1 Anwendung *Sulfur C 200 + Thuja C 200*
* September/Oktober: 1 Anwendung *Sulfur C 200 + Thuja C 200*

Die Falter des Buchsbaumzünslers haben eine Flügelspannweite von etwa 4 cm. Es gibt auch gänzlich dunkel gefärbte Falter mit weißem Fleck.

Nach nur 3 Tagen schlüpfen die hungrigen Raupen aus ihren Eiern. Ab etwa 12 °C Lufttemperatur werden sie aktiv und beginnen zu fressen.

Pflanzenkrankheiten

Das Thema »Pflanzenkrankheiten« ist sehr umfangreich und die Vielzahl der möglichen Krankheitsbilder wirkt auf uns Hobbygärtner mitunter äußerst kompliziert.

Auslöser für Pflanzenkrankheiten sind Viren, Bakterien oder Pilze. Es findet eine Infektion statt.

Die herkömmliche Herangehensweise in diesem Fall sieht so aus, dass ein Pflanzenschutzmittel angewandt wird, zum Beispiel ein Fungizid. Was viele nicht wissen: Für eine ganze Reihe von Erkrankungen gibt es gar kein Pflanzenschutzmittel! Ein massives Problem ist zudem, dass viele Erreger Resistenzen gegen Pflanzenschutzmittel entwickelt haben. Daher sind Vorbeugung und Stärkung nicht nur bei biologisch arbeitenden Gärtnern, sondern mittlerweile auch im konventionellen Pflanzenbau unverzichtbar.

Gesunde und prächtige Pfingstrosen sind eine Augenweide. Gegen eine typische Pilzkrankheit kommt oft *Natrium sulfuricum C30* zum Einsatz.

Wie können Pflanzenkrankheiten entstehen und wie werden sie übertragen?

Wir alle kennen Menschen, die anscheinend ein zuverlässig arbeitendes Immunsystem besitzen. Das Immunsystem schützt vor Infektionen. Solche Menschen werden selten krank, und wenn sie doch eine Erkältung bekommen, fühlen sie sich nicht besonders geschwächt und leiden längst nicht so stark wie andere, die sich dann sofort für ein paar Tage ins Bett legen möchten. Ein gutes Immunsystem ist von vielen verschiedenen Faktoren abhängig, aber es ist unumstritten, dass auch Ernährung und Lebensweise einen entscheidenden Beitrag dazu leisten.

Gleiches gilt auch für Pflanzen: Fruchtbarer Boden mit ausreichend Nährstoffen sowie der geeignete Standort bilden die Basis für eine gesunde Entwicklung und für Schutz vor Infektionen. Doch extreme Umwelteinflüsse und eingeschleppte, neue Erreger bewirken, dass Krankheiten trotz guter äußerer Bedingungen ausbrechen können. Besondere Anfälligkeit zeigen hochgezüchtete Arten, wenn die Zucht in erster Linie die Optik, Ertragssteigerung oder Qualitätsverbesserung zum Ziel hatte.

Ich möchte ein breiteres Verständnis für Zusammenhänge und die Betrachtung des gesamten Systems schaffen, denn Standort, Boden, Nährstoffe und die überlegte Auswahl von passenden Pflanzen können eine robuste Basis bilden und damit einen Grundstein für ein stabiles Immunsystem legen. Ich selbst habe früher auch aus Unwissenheit Pflanzen gekauft, die von Grund auf anfällig waren.

Vor vielen Jahren pflanzten wir einen Trompetenbaum der Sorte Catalpa, eine Züchtung in Kugelform, die keine Blüten hervorbringt und ein möglichst dichtes Blattwerk zeigen soll. An diesem Baum darf ich mich jedes Jahr »abarbeiten«, denn er ist ein schier unerschöpfliches Übungsexemplar für vielerlei Probleme. Nach den Behandlungen regeneriert er sich meist ganz ordentlich, aber im Folgejahr geht das Spiel, oft mit kleinen Variationen, von vorne los.

Pflanzenkrankheiten entstehen also eher bei anfälligen Arten, können aber auch durch saugende oder beißende Überträger weitergegeben werden. Zu den Tätern zählen Blattläuse, Wanzen, Spinnmilben und die anderen üblichen Verdächtigen. Ebenso können Wind und Regen Erreger verbreiten. So können große und schwere Regentropfen, die auf Sporenlager von pilzlichen Erregern fallen, bewirken, dass der Sporenstaub sich weiter verteilt. Sporen sind sozusagen die »Samen« von Pilzerregern und dienen der Vermehrung. Eine größere Ansammlung von Sporen bildet dann ein Sporenlager.
Außerdem haben Erreger durch Kultur- und Schnittmaßnahmen leichteres Spiel, denn an frischen Schnittflächen fehlt die schützende Außenhülle.

Pflanzenkrankheiten vorbeugen

Eine einfache Maßnahme, um Pflanzenkrankheiten vorzubeugen, ist die angemessene Garten-Hygiene: Töpfe, Rankhilfen, Pflanzstäbe und unsauberes Werkzeug, eigentlich prinzipiell alles, was mit Pflanzen und

Wanzen oder andere Insekten mit Saug- oder Beißwerkzeugen können Krankheitskeime von Pflanze zu Pflanze übertragen.

Durch den Aufprall von Regentropfen auf Sporenlager können die Pilzerreger nach oben geschleudert werden und auf feuchten Blättern haften bleiben.

Erde in Kontakt kommt, kann Erreger oder Schädlinge verteilen. Werkzeug-Hygiene soll einfach und ohne großen Aufwand möglich sein. Man kann mit hochprozentigem Alkohol und einem Lappen die Schneidwerkzeuge abreiben. Töpfe und andere Geräte sind mit heißem Wasser, Essig und einer groben Bürste zumindest so gereinigt, dass es ein Großteil der Erreger schwer haben wird.

Wenn wir eine kranke Pflanze sehen, dann inspizieren wir zunächst ganz genau, vielleicht sogar mit einer Lupe, was auf der Pflanze los ist. Auch die Blattunterseiten und verdeckte Stellen sind wichtig. Manche Zeichen an Pflanzen werden nämlich mit Schädlingsbefall verwechselt, denn auch Schädlinge können Verfärbungen oder Deformierungen verursachen, die vorschnell an eine Erkrankung denken lassen. Danach sollten wir nicht zu viel Zeit verstreichen lassen, denn Krankheiten können sich rasant ausbreiten.

Blattfleckenkrankheiten, verursacht durch Pilze, treten häufig bei Rosen, aber auch bei vielen anderen Garten- oder Zimmerpflanzen auf.

Die wichtigsten Pflanzenkrankheiten

Pilzerkrankungen: Etwa 80 Prozent aller Erkrankungen werden durch Pilze hervorgerufen.

* **Blattfleckenkrankheiten:** Meist sind die Flecken rundlich und in der Mitte befindet sich der eigentliche Pilz mit dem Fruchtkörper. Feuchtes Wetter oder schlecht abtrocknendes Blattwerk begünstigen den Befall. Manchmal werden die Blätter auch durchlöchert wie bei der Schrotschusskrankheit.
* **Echter Mehltau:** Umgangssprachlich ist es der »Schönwetterpilz«, weil er meistens nach trockenen, warmen Wetterphasen auftritt. Die Blattoberseite zeigt einen weißen, mehligen oder watteartigen Belag, der abwischbar ist.
* **Falscher Mehltau:** Dieser sieht ähnlich aus wie der Echte Mehltau, entwickelt sich aber nach feuchten Wetterphasen. Er bleibt nicht auf der Blattoberfläche, sondern dringt in das Blattgewebe ein. Oft findet er sich auf der Blattunterseite und lässt sich nicht einfach wegwischen.
* **Kräuselkrankheit:** An Pfirsich- oder Aprikosenbäumen treten gekräuselte, deformierte, rötlich violett verfärbte Blätter auf. Die Infektion kann schnell zu Blattverlust und Schwäche des Baumes führen. Die Fruchtbildung ist reduziert und die Früchte fallen ab.
* **Kraut- und Braunfäule:** Diese Erkrankung ist mit dem Falschen Mehltau verwandt, liebt also feuchtes Wetter. Sie ist wirklich lästig im Gemüsegarten, da sie häufig Tomaten und Kartoffeln befällt. Braune, unregelmäßige Flecken auf den Blättern breiten sich sehr rasch aus, werden schimmelig und können die Ernte massiv reduzieren oder ausfallen lassen.
* **Monilia-Fruchtfäule** oder **Spitzendürre:** Monilia-Pilze können an Obstbäumen hauptsächlich zwei Schadbilder verursachen. Die Fruchtfäule befällt nur verletzte Früchte. Die Frucht zeigt dann weißliche Fruchtkörper des Pilzes und eine

Pilzkrankheiten haben viele Gesichter: Echter Mehltau **(1)**, Kraut- und Braunfäule **(2)**, Kräuselkrankheit **(3)**, Monilia-Fruchtfäule **(4)**.

milchkaffeebraune Verfärbung. Solche Früchte hängen dann oft lange als »Fruchtmumien« am Baum oder fallen zahlreich auf den Boden. Die Spitzendürre dringt vor allem bei kühl-feuchtem Wetter während der Blütezeit in die Blüten ein. Nach kurzer Zeit sehen die Blüten, Blätter oder ganze Triebe wie verdorrt aus und sterben ab.

* **Rostpilze:** Sie sind meistens leicht zu identifizieren, denn der Name ist Programm: Die Punkte oder Flecken sind rostfarben von Orange bis Braun. Die Sporen fliegen nur zu einer bestimmten Zeit im Jahr.
* **Schorfkrankheit:** Vorwiegend an Apfel- oder Birnbäumen treten braune oder schwärzliche Schadstellen an Blättern und Früchten auf. Die Früchte haben rissige und leicht eingefallene Flecken. In diese Wundstellen können weitere Fäulnispilze eindringen. Die Sporen überwintern im Falllaub und können die Bäume immer wieder infizieren.

Virale Erkrankungen können durchaus recht hübsch oder interessant aussehen, wie zum Beispiel das Mosaikvirus bei Gurken.

Bakterielle Erkrankungen: Sie kommen deutlich seltener vor als Pilzerkrankungen. Der bakterielle Erreger wirkt ähnlich wie ein Gift und blockiert die Leitungen für den Nährstofftransport. Häufigste Formen sind Blattflecken mit hellgelber Randzone, Wurzelfäule oder Welke-Erscheinungen. Auch Wucherungen, die tumorartig aussehen, zählen dazu.

Virale Erkrankungen: Sie zeigen sich durch verschiedene Farbveränderungen in Form von Mosaiken, Ringflecken oder anderen auffälligen, manchmal recht attraktiven Mustern auf den Blättern. Auch Verformungen oder Verkrüppelungen sind möglich. Beispiel: Mosaikvirus an Gurken.

Das richtige Mittel finden

Wer jetzt enttäuscht ist, dass meine Liste so kurz und knapp ausgefallen ist, darf sich beruhigen. Wir benötigen für die homöopathische Behandlung kein dickes Lexikon mit allen Pflanzenkrankheiten und wir müssen auch nicht unbedingt die exakte Bezeichnung der Erkrankung kennen. Wer mehr recherchieren möchte, findet über die Bildersuche im Internet viele Informationen. Es gibt auch einige hilfreiche Apps für das Smartphone, die bei der Erkennung helfen (siehe Adressen Seite 141).

Die Mittelfindung mit dem Wegweiser auf Seite 65 orientiert sich an zwei Aspekten: an der Witterung und an Farbveränderungen auf der Pflanze. Diese beiden Kriterien reichen aus, um die Behandlung zu beginnen. Es müssen nicht alle Beschreibungen gleichzeitig und im Detail zutreffen. Auch ein einzelner deutlicher Aspekt ist wegweisend für die treffende Wahl des Mittels. Pflanzenkrankheiten verlangen oft mehrere Behandlungen oder auch eine Abfolge von verschiedenen Mitteln. Hinweise zur Vorbeugung von Erkrankungen finden Sie ab Seite 106.

SO GEHEN SIE BEI PFLANZENKRANKHEITEN VOR: WIE WAR DAS WETTER DER LETZTEN 5 BIS 7 TAGE?

Stärkung und Vorbeugung allgemein	→ Maute-Rundum® C 30
Folgen von längeren Wärme- oder Hitzeperioden. Weiße Beläge	→ Arsenicum album C 200
Folgen von Kälteeinwirkungen. Anthrazit-schwarze Verfärbungen oder Blattflecken	→ Carbo vegetabilis C 30
Folgen von schwülwarmem Wetter. Grau-weiße Schimmelbildung, violett-bräunliche Verfärbungen	→ Natrium sulfuricum C 30
Vorbeugung durch Stärkung des Zellgewebes. Folgen von Kälte und/oder Nässe, aber auch Hitze. Grau-weiße Pilzbeläge, teilweise abwaschbar	→ Silicea C 200
Folgen von Hitze. Folgen von Überdüngung. Schwärzliche Blattverfärbungen	→ Solidago C 30
Folgen von Staunässe. Wärme- oder Hitzeschaden. Blassgrüne bis gelbliche Verfärbungen	→ Sulfur C 200
Vorbeugung nach nasskaltem und/oder nebligem Wetter. Folgen von Kälte und Nässe, lang andauerndem Regen und kühlem, neblig-feuchtem Wetter. Schwärzliche Blattflecken, grau-weißer Pilzbelag	→ Thuja C 200

Wachstumsstörungen

Wir alle haben schon mit Pflanzen zu tun gehabt, von denen wir sagen, dass sie zu langsam wachsen, mickrig wirken, vor sich hin kümmern oder einfach unsere »Sorgenkinder« sind.

Je nach Pflanzenart sind die einen sehr tolerant gegenüber Abweichungen von der Idealversorgung, begnügen sich mit wenig Pflege und sind dankbar, während sich andere zu wahren Spezialisten ausgebildet haben und schon kleinste Abweichungen vom Optimum mit Problemen quittieren. Doch selbst solche, die wir nach unserer Einschätzung gut pflegen, zeigen manchmal wenig Vitalität und wollen nicht so recht zu unserer Zufriedenheit gedeihen.

In der Ursachenliste rechts sind sämtliche Einflüsse aufgeführt, die die Pflanzen generell beeinträchtigen können.

Das Zitronenbäumchen wirkt nach der Winterpause kraftlos. Licht- und Nährstoffmangel könnten die Ursachen für die Wachstumsstörung sein.

Ursachen für Wachstumsstörungen

Verantwortlich für diese Probleme können sein:

* Nährstoffmangel
* Nährstoffüberschuss
* Ungeeigneter Standort
* Witterungseinflüsse
* Verletzungen
* Schädlinge
* Krankheiten

Vor dem Einsatz der homöopathischen Gießkanne macht es auf jeden Fall Sinn, die wichtigsten äußeren Faktoren wie Wasser- und Nährstoffversorgung sowie Standort zu prüfen. Selbstverständlich halten wir auch nach ungebetenen Gästen oder Pflanzenkrankheiten Ausschau.

Homöopathische Behandlung

In vielen Fällen ist der Grund für eine Wachstumsstörung nicht immer klar ersichtlich. Doch wir werden uns nicht in komplizierten Recherchen verlieren und Zeit verstreichen lassen, denn Stärkung mit Homöopathie ist nicht schwierig. Im Prinzip kann man von allen homöopathischen Mitteln sagen, dass sie »Stärkungsmittel« sind, denn jedes nach individuellen Symptomen und Schwächezeichen ausgesuchte Mittel wirkt stärkend. Beim Blick in die Mittel-Beschreibungen (siehe ab Seite 128) sehen wir, dass viele Mittel ein sehr großes Anwendungsspektrum haben, welches von allgemeiner Stärkung über Pflanzenkrankheiten bis hin zu Schädlingen reicht.

Das Geniale liegt oft im einfachen Denken. Doch »einfaches Denken« ist nicht immer einfach. Auch mit der Homöopathie ist das so: Oftmals versteigt man sich in komplizierten Gedankengängen.

Deshalb beginne ich die Mickerlings-Behandlungen »einfach« so:

* Eine Anwendung *Arnica C 200*, eine Woche später eine Anwendung *Maute-Rundum® C 30*. Dann warte ich zwei bis drei Wochen geduldig beob-

SO GEHEN SIE BEI WACHSTUMSSTÖRUNGEN VOR

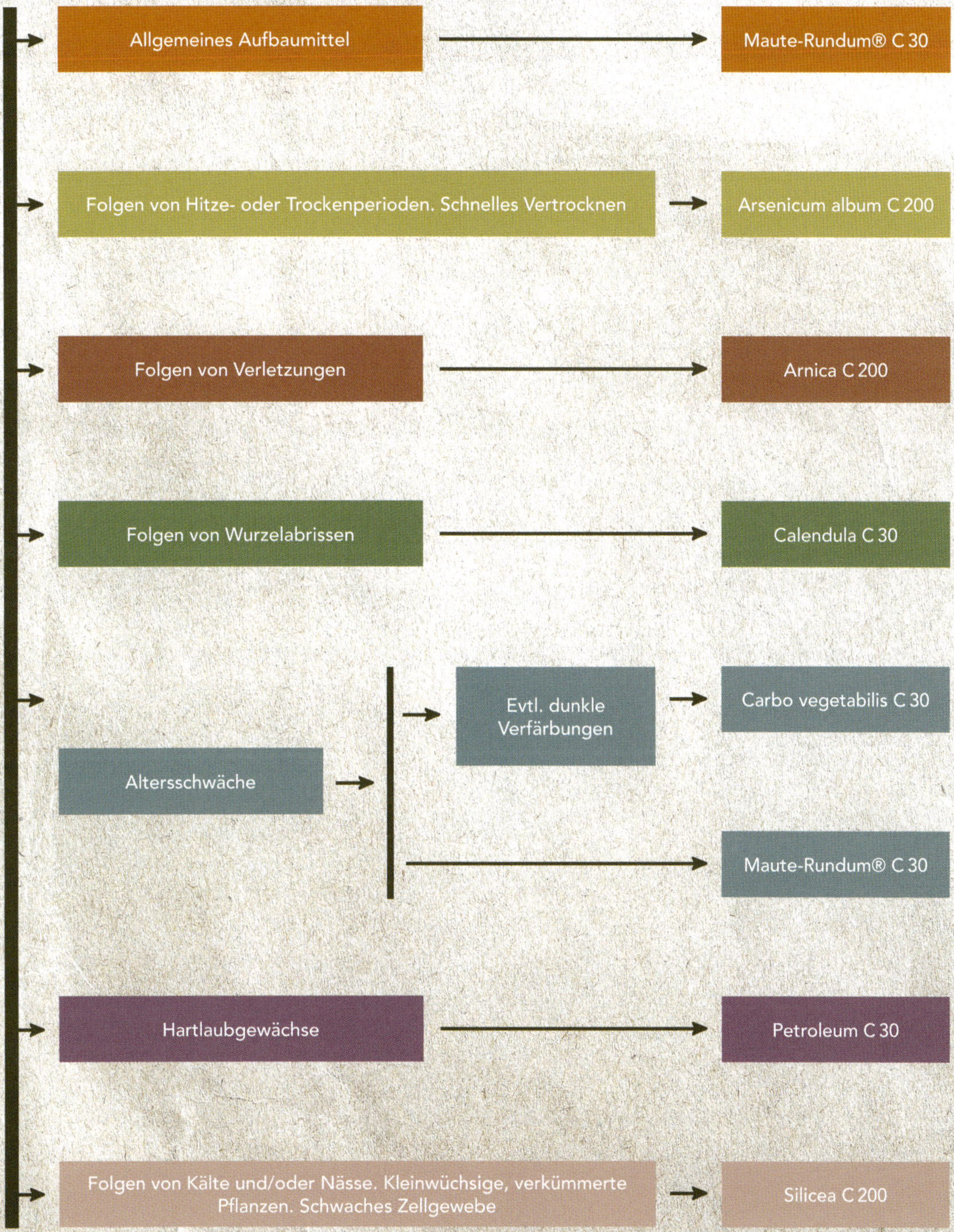

Die gelb-grün gestreiften Blätter dieser hartlaubigen Pflanze weisen auf einen Nährstoffmangel hin. Die Versorgung der Leitungsbahnen ist gestört.

achtend ab. Meistens sehe ich eine positive Entwicklung meines Schwächlings.

* Falls wir die Schwäche einem bestimmten Wetter zuordnen können, finden wir mit *Arsenicum album C 200* oder *Silicea C 200* die passende Abhilfe.
* Pflanzen-Senioren, wie beispielsweise ältere Bäume, Rosen und andere in die Jahre gekommene Gehölze, reagieren dankbar auf *Carbo vegetabilis C 30* oder *Maute-Rundum® C 30*.
* Für schwächelnde Pflanzen mit hartlaubigem Grün, wie zum Beispiel Oleander, Zitruspflanzen, Lorbeersträucher, Gummibäume, Orchideen oder Philodendron, eignet sich zur Stärkung *Petroleum C 30*.

Da wir hier keinen akuten Zustand haben wie Schädlingsbefall oder eine Erkrankung, reichen ein bis zwei Anwendungen zunächst aus. Mehrjährige Pflanzen können darüber hinaus sehr gut mit der Basisstärkung im Jahresverlauf versorgt werden (siehe Seite 101).

Schattenliebende Pflanzen wie der Rhododendron sind auf einer Terrasse in voller Sonne eindeutig am falschen Standort.

Aus Christianes Tagebuch: Weit gereist

Im Frühling 2018 wurden Cornelia und ich in den Iran, nach Teheran, eingeladen. Wir wurden gebeten, Vorträge zum Thema »Homöopathie für Pflanzen« zu halten. Des Weiteren wollte die Universität in Teheran mit unserer Unterstützung eine wissenschaftliche Studie an Pflanzen unter homöopathischer Behandlung durchführen. Bei unserer Ankunft wurden wir von überaus gastfreundlichen Menschen empfangen. Jeden Wunsch las man uns von den Augen ab. Für mich suchte man sogar die Aufenthaltsorte mit einer »westlichen Toilette« heraus!
Die Vorträge an der Universität sowie in der Nationalbibliothek Teherans waren bis auf den letzten Platz von Abgeordneten diverser Ministerien, Homöopathen, Gärtnern und Bauern besetzt, nahezu 180 Menschen verteilten sich auf den Rängen. Viele interessierte, fröhliche Wissbegierige saßen vor uns. Es wunderte uns, dass niemand einschlief, auch nicht nach mehreren Vortragsstunden. Zudem mussten wir kein einziges homöopathisches Mittel erklären – diese waren den Zuhörerinnen und Zuhörern bekannt! So etwas hatten wir noch nie erlebt. Nach jedem unserer Vorträge wurden wir mit Fragen überhäuft.
Besonders beeindruckend war, wie die Iraner unser Wissen um die homöopathische Pflanzenbehandlung bereits in die Tat umgesetzt hatten, obwohl sie anfangs ja nur die englische Version unseres Buches hatten.
Eine besondere Begebenheit ist noch ganz deutlich in meinem Gedächtnis: Ein anwesender Bauer hatte Verlaufsvideos gedreht; er zeigte uns in seiner Präsentation, wie krank seine Feldfrüchte gewesen waren. Er sagte, alle Pflanzen auf seinem Acker seien mickrig und verpilzt gewesen, sein Verwalter habe sie entsorgen wollen. Dieser Bauer setzte dann Homöopathie ein und staunte, wie schnell sich die Pflanzen erholten und eine gesunde Ernte brachten. Die Bilddokumentation dieser Pflanzenbehandlung war außerordentlich und beeindruckte uns und alle Anwesenden. Leider weiß ich nicht, wie diese Ackerpflanzen hießen. Zudem konnte ich mir das homöopathische Mittel nicht merken, denn der Bauer sprach Farsi und die Übersetzer hatten Mühe, so schnell zu übersetzen.
Ein weiteres Highlight war die Einweihungszeremonie der persischen Ausgabe unseres Buches »Homöopathie für Pflanzen«. Während dieser »unveiling ceremony« wollten sich über einhundert Teilnehmer mit uns fotografieren lassen. Vom Dauerlächeln hatten wir Muskelkater im Gesicht. Unser Abschied am vierten Tag fiel tränenreich aus, bei uns und den Iranern.
Bis heute findet ein befruchtender Gedankenaustausch statt. Die Iraner blieben am Ball, sie behandelten unter anderem sehr erfolgreich pilzbefallene Robinien im Stadtpark von Teheran und dokumentierten den Verlauf akribisch. Des Weiteren setzten sie Homöopathie im Reisanbau ein und machten bei Blumenfestivals zum homöopathischen Pflanzenthema mit.

Farb-Wegweiser zum passenden Mittel

Der Farb-Wegweiser ist eine zusätzliche Möglichkeit, zum passenden Mittel zu finden, wenn andere Hinweise schwer zu interpretieren sind oder zunächst fehlen. Schauen wir also genau auf alle außergewöhnlichen Farbveränderungen an unseren Pflanzen!

Außergewöhnliche Farbveränderungen

Mit der Homöopathie haben wir einen einzigartigen und nützlichen Joker im Ärmel, denn wir können auch anhand klinischer Zeichen behandeln. Klinische Zeichen sind ein Fachbegriff aus der Medizin, haben aber rein gar nichts mit einem Krankenhaus zu tun.

Was bedeutet das genau? In der Humanmedizin sind klinische Zeichen von außen wahrnehmbare, untypische, krankhafte Veränderungen des Körpers, die ohne spezielle Diagnostik oder weiterführende Untersuchungen festgestellt werden können, also zum Beispiel eine Verletzung, eine Warze oder ein rotes Auge. Klinische Zeichen sind das, was man direkt sehen kann. Wie kann uns nun die Klinik bei der Beurteilung unserer kranken Pflanzen helfen?

Wenn wir eine Pflanze betrachten, können wir in etwa einschätzen, ob die Pflanze gesund ist oder kränkelt. Wir sehen, ob Stängel, Blätter und Blüten kräftig und schön gefärbt sind. Dazu brauchen wir kein Spezialwissen, sondern verlassen uns auf das, was uns als Besonderheit oder Problem auffällt. Jede untypische Farbveränderung könnte auf eine Schwäche, eine Erkrankung oder einen Schädlingsbefall hinweisen. Dabei achten wir in erster Linie auf Blätter und Blüten, gegebenenfalls auch auf Früchte. Ebenso können an Stamm oder Ästen einer Pflanze Abweichungen vom normalen Zustand erkennbar sein.

Es ist ein absolutes Novum, diese klinischen Zeichen zur Wahl des passenden Mittels für die Pflanzenbehandlung heranzuziehen. Meine Mutter Christiane hat die Gundlagen dieser Systematik entwickelt, und gemeinsam ist unser Erfahrungsschatz weitergewachsen. Im Lauf der Zeit haben sich diese Zusammenhänge durch unsere Beobachtungen und Erfahrungen immer deutlicher abgezeichnet. In einigen Fällen ähneln menschliche klinische Symptome sehr stark den entsprechenden Zeichen an der Pflanze, etwa eine Rötung aufgrund eines Sonnenbrandes.

Sollten Sie also Schwierigkeiten haben, anhand der tabellarischen Wegweiser zum geeigneten homöopathischen Mittel zu finden, so ist der Farb-Wegweiser ein weiteres praktisches Werkzeug zum Starten der Behandlung.

Farbveränderung: hellgrau-blassgrün

→ Aconitum C 200

Das homöopathische Aconitum wird aus einer Blütenpflanze hergestellt, dem Blauen Eisenhut (siehe Foto Seite 53 oben). Diese Pflanze trägt eine blau-lilafarbene Blüte und ist hochgiftig.

Ein typischer »Aconitum-Frostschaden« zeigt sich wie bei dieser Tomate durch blasse und hellgrün entfärbte Pflanzenteile.

Aus Christianes Tagebuch: Eisgekühlte Tomaten

In Mittelfranken fand ein mehrtägiges Treffen der verschiedenen biologisch arbeitenden Verbände statt. Ich wurde eingeladen, eine einstündige Präsentation zu halten; mein Mann begleitete mich wie immer gerne, denn ein Erfahrungsaustausch ist bereichernd. Immerhin hatte es sich in der Bio-Branche herumgesprochen, dass es noch weitere, sehr effektive und stärkende Behandlungsmöglichkeiten für Pflanzen gibt.

Diese Präsentation war noch längst nicht so gespickt mit den Erfahrungswerten, die wir mittlerweile nach über 20 Jahren mit der Pflanzenhomöopathie sammeln durften. Unser Wissen steckte damals noch in den Kinderschuhen.

Die Bauern horchten auf, als ich ihnen sagte, dass die Homöopathie in der Lage ist, Witterungsschäden an Pflanzen zu minimieren oder sogar vorbeugend zu verhindern.

Am Schluss meines Vortrages kam ein gemütlich-fülliger fränkischer Bauer auf mich zu und meldete sich am Mikrofon zu Wort:

Er sei Tomaten-Anbauer. Im letzten Frühling habe er 2000 Tomaten-Jungpflanzen geliefert bekommen und diese wegen Zeitdruck außen an seinem Gewächshaus abgestellt. Nachts sei es jedoch empfindlich kalt geworden, es habe eisiger Wind und Frost geherrscht.

Als er morgens die traurig hängenden, erfrorenen Tomatenpflanzen angeschaut habe, sei ihm klar gewesen, dass er diese Jungpflanzen wohl alle abschreiben könne.

Da sei ihm eingefallen, dass ich in meinem Buch ein Kapitel über Witterung geschrieben hätte. Zusammen mit seiner Ehefrau pflanzte er die frostgeschädigten Pflanzen ins Gewächshaus und übergoss den Wurzelbereich mit Aconitum-C 200-Wasser.

Zu seinem großen Erstaunen fielen die erfrorenen Blätter schnell ab und neue, kräftige Blätter und Triebe kamen nach. Er musste keine einzige Tomatenpflanze entsorgen.

Aconitum ist ein bekanntes Kälte- und Frostmittel. Eines seiner Leitsymptome beim Menschen ist die Blässe, also zum Beispiel das auffallend blasse Gesicht des Fieberpatienten oder das kreidebleiche Aussehen einer Person, die einen Schock erlitten hat.

Dieses Zeichen können wir auch an Blättern oder Stängeln der von Kälte geplagten Pflanze finden, und zwar als hellgraue oder blassgrüne Verfärbung. Blätter oder einzelne Flecken darauf sehen aus, als wenn der Maler vergessen hätte, den Pinsel ausreichend satt mit grüner Farbe zu füllen. Man könnte sagen, die Blätter wirkten entfärbt. Das blasse, helle Grün kann auch in ein zartes Hellgrau oder Hellbeige abweichen. Sehr bald werden die Blätter trocken und welk.

Ein anderes Erscheinungsbild, das sehr gut auf die Behandlung mit Aconitum anspricht, findet sich bei Pflanzen mit etwas dickeren, fleischigen Blättern, wie beispielsweise Bergenien, Primeln und manchen Arten der Fetthenne, besonders wenn es sich um Kübelpflanzen handelt. Diese bekommen dann auf den Blättern glasige, dunkle Stellen, die teilweise auch durchscheinend wirken. Denn durch die Kälteeinwirkung ist das Gewebswasser der Pflanzenzellen gefroren, die Zellen platzen auf und das zerstörte Gewebe wird weich und matschig.

Eine gesunde, kräftige Pflanze wird geschädigte oder abgestorbene Teile von sich aus abstoßen. Doch durch eine Gabe *Aconitum C 200* wird die plötzliche Kälteeinwirkung, der Kälteschock, gemindert, die Pflanze bekommt einen zusätzlichen Schub für neue Vitalität und erhält ausreichend Kraft für einen zügigen Neuaustrieb.

Pflanzen mit dickfleischigen Blättern, wie zum Beispiel diese Bergenie, zeigen nach dem Frost glasige und dunkle Schadstellen. Ähnliche Symptome zeigen sich auch bei Primeln und Fuchsien.

Farbveränderung: weiß, weißlich

→ Arsenicum album C 30

Die materielle Ausgangssubstanz dieser Arznei, das Arsen, ist ein Mineral, welches fast überall in der Erdkruste vorkommt. Es hat eine silbrig-weiße oder hellgraue Farbe. Das können wir uns leicht merken, denn genau solche Farbveränderungen an Pflanzen können mit dem homöopathischen *Arsenicum album C 200* behandelt werden.

Der häufigste Verursacher von weißen Anzeichen auf Pflanzen ist eine Pilzerkrankung. Auf den Blättern findet sich ein weißer, mehlartiger Belag, der zu Beginn der Infektion abgewischt werden kann. Dann haben wir es wahrscheinlich mit dem Echten Mehltau zu tun, der besonders während warmen und trockenen Wetterperioden auftritt (siehe Seite 62).

Da Arsenicum album ein sehr gutes Hitze- und Trockenheitsmittel ist, wirkt es gut bei genau dieser Kombination: trockenes, warmes Wetter plus weiße Farbveränderungen.

Jetzt ist der passende Zeitpunkt für die Behandlung mit *Arsenicum album C 200*. Da wir es mit einer Pilzerkrankung zu tun haben, braucht es etwa drei Anwendungen jeden zweiten Tag.

Auch Pflanzen, welche aufgrund von Hitze oder Wärme schnell vertrocknen und deren Blätter dann hell werden, bekommen mit *Arsenicum album C 200* eine Stärkung.

Selbst Schädlinge im weißen Gewand, zum Beispiel die Weiße Fliege, hat das Mittel schon erfolgreich in Schach gehalten.

Farbveränderung: rötlich braun

→ Belladonna C 200

Das homöopathische Mittel Belladonna wird aus der Tollkirsche, einer sehr giftigen Pflanze, hergestellt. Im

Echter Mehltau, der oft bei warmer und trockener Witterung auftritt, zeigt sich üblicherweise durch einen weißlich-mehligen Belag auf der Blattoberseite.

Ein Rückschnitt der befallenen Äste kann notwendig sein. Nach einer erfolgreichen Behandlung mit Arsenicum album C 200 zeigen sich die neuen Blätter dann gesund.

Rötlich-bräunliches Blattwerk eines Ligusterbäumchens nach einem Frostschaden. Vermutlich leidet die Pflanze auch an Trockenstress.

Nach der homöopathischen Behandlung mit dem Kältemittel Belladonna treibt der Liguster wieder schnell und gesund aus.

Humanbereich kommt Belladonna oft dann zum Einsatz, wenn der Patient rote Anzeichen hat, zum Beispiel bestimmte rote Hauterscheinungen, einen Sonnenbrand oder einen hochroten Kopf während eines Fiebers.

Im Pflanzenreich sind rötlich-bräunliche Farbveränderungen relativ häufig nach Kälte- und Frostperioden zu finden, vor allem an empfindlicheren Pflanzen. Äste, Zweige und auch Blätter sind rostbraun oder rötlich braun verfärbt. Je nach Pflanzenart vertrocknen diese Bereiche anschließend. Oft zeigen immergrüne Pflanzen wie Glanzmispeln oder Kirschlorbeer solche typisch braunroten Verfärbungen. Die immergrünen Gehölze verdunsten über ihr volles Blattwerk ungleich mehr Wasser als diejenigen Pflanzen, die vor dem Winter ihr Laub abgeworfen haben. Folglich ist die Ursache dieser Verfärbungen zusätzlich der Wassermangel, im Fachjargon »Frosttrocknis« genannt. Aus dem gefrorenen Boden kann die Pflanze nämlich kein Wasser aufnehmen. Besonders tückisch ist die Lage, wenn zur frostigen Jahreszeit noch die Wintersonne scheint, denn dann ist die Verdunstung höher und der Wasserhaushalt der Pflanze geht noch weiter zur Neige. Die Immergrünen benötigen das ganze Jahr über ausreichend Bewässerung, auch während der Wintermonate – und zwar immer dann, wenn die Temperaturen ein paar Tage über dem Gefrierpunkt liegen.

Belladonna regeneriert auch alle Schäden, die durch einen Sonnenbrand verursacht wurden. Dies zeigt sich ebenso an der typischen Farbveränderung auf den Blättern.

Auf den ersten Blick etwas merkwürdig kommt einem die Anwendung bei rot-braunen Blattläusen vor, zumal dieses Mittel nicht als typisches »Schädlingsmittel« gilt, aber tatsächlich lässt uns auch dieses Symptom zu *Belladonna C 200* greifen.

Farbveränderung: anthrazit-schwarz

→ Carbo vegetabilis C 30

Das homöopathische Carbo vegetabilis wird aus Holzkohle gewonnen. Kohle ist schwarz, und das ist zugleich unsere Merkhilfe für alle schwarzen, anthrazitfarbenen oder schwarz-bräunlichen Anzeichen auf Pflanzen. Wir kennen Kohle aus dem Humanbereich als Kohletabletten bei Magen-Darm-Beschwerden. Kohle hat neben der Fähigkeit, Giftstoffe an sich zu binden und zu neutralisieren, auch eine antiseptische, reinigende Wirkung. In homöopathischer Form wird das Mittel oft älteren, schwachen, erschöpften Patienten verabreicht. Sollte also in unserem Garten ein betagter Obstbaum oder Rosenstrauch stehen, können diese Senioren nach einer Anwendung mit *Carbo vegetabilis C 30* neue Vitalität erlangen.

Bei den Pflanzenkrankheiten zeigen sich vor allem einige bakterielle und pilzliche Erreger in dieser Färbung, zum Beispiel Blattfleckenkrankheit, Schwarzfleckenkrankheit, Sternrußtau.

Wenn bekannt ist, dass eine Pflanze allgemein anfällig für solche Probleme ist, können wir im Frühjahr mit ein bis zwei Gaben vorbeugend stärken. Falls später die ersten Krankheitssymptome erkennbar sind, werden wahrscheinlich mehrere Anwendungen nötig sein (siehe Seite 37). *Carbo vegetabilis C 30* hilft auch, wenn die Pflanze nach Kälte oder Frost braun-schwarze Blätter bekommt. Das kommt zum Beispiel bei diversen Bäumen, einigen Sträuchern oder auch Kartoffeln vor. Das Mittel kann abgestorbene Teile nicht reparieren, aber die Pflanze unterstützen, den Kältestress auszugleichen und rasch zu regenerieren.

Manche Pflanzenkrankheiten, verursacht durch Bakterien und Pilze, zeigen sich durch anthrazitfarbene oder schwarze Veränderungen auf den Blättern.

Aus Christianes Tagebuch: Wenn i nix sag, isch's guad!

Ein großer biologischer Obstbaubetrieb aus unserer Region wollte im Frühling meine Hilfe: Die Apfelblutlaus trieb in den Apfelanlagen ihr Unwesen und saugte den Pflanzensaft der frischen Triebe aus. Mein Mann und ich begutachteten die Schäden und erarbeiteten einen homöopathischen Behandlungsplan. Natürlich hätte der Obstbauer Chemie einsetzen können, doch dann hätte er das Bio-Siegel verloren.

Während des Gesprächs zwischen den wunderbar gepflegten Anlagen, mit Mulch und Einsaaten unter den Bäumen, kam die Bäuerin dazu.
Sie sagte: »Frau Maute, was kann mer mit Kartoffla macha, wenn des Kraut scho ganz schwarz isch?« Ich fragte: »Haben Sie denn solche Kartoffeln?«
Die Bäuerin erwiderte: »Noi, solche Kartoffel hat mei Nachbarin in ihrem Garta, die sind scho ganz schwarz.« Ich war verblüfft, denn wenn eine Pflanze so aussieht, weiß man sofort, dass man nichts mehr für sie tun kann, außer die Kartoffeln mitsamt schwarzem Kraut zu entfernen und zu verbrennen. Meine Antwort: »Wissen Sie, da kann die Homöopathie auch nicht mehr helfen, tot ist einfach tot.«
Die Bäuerin forderte meinen Ehrgeiz heraus und meinte listig: »Ha, Frau Maute, Ihne fällt doch beschtimmt was ei, des wär jo g'lacht, wenn Ihne do nix eifalla dät.«
Ich überlegte kurz und erwiderte: »Probieren Sie Carbo vegetabilis C 30 aus, gießen Sie es über die schwarzen Stängel und wiederholen Sie die Anwendung nach 7 Tagen.«
Die Bäuerin: »Und wie viel soll mei Nachbarin do nehma?«
Ich: »Sechs bis acht Globuli Carbo vegetabilis C 30 reichen für 30 Liter Wasser aus.«
Die Bäuerin: »Ha, des hab' i dahoim von unserm Hund. Des geb' i meiner Nachbarin, des probiera mir aus.«
Ich hörte monatelang weder von den Äpfeln noch von der Apfelblutlaus und auch nichts mehr von den Kartoffeln. Im Oktober rief ich in diesem Betrieb an und fragte die Bäuerin, wie sich denn die Äpfel entwickelt hätten. Und wie es denn den Kartoffeln ihrer Nachbarin mit der Krautfäule gegangen sei?
Die Bäuerin, ganz verblüfft über meine Anfrage: »Ha, guet isch des g'wesa. Die Äpfel waret tipptopp und die Kartoffel hent neu austrieba und mei Nachbarin hot schöne Kartoffel g'erntet. Wisset se, wenn's net ganga wär, hätt' i mi scho g'meldet, no hätt i Ihne scho telefoniert!«

Glanzmispeln sind sehr genügsam, und meistens sind solche violett-braunen Blattflecken nicht dringend behandlungsbedürftig.

Farbveränderung: violett-bräunlich

→ Natrium sulfuricum C 30

Jeder, der zu Beginn einer Heilfastenkur zur Darmreinigung das Glaubersalz trinken musste, hat mit der Ausgangssubstanz des homöopathischen Mittels schon Bekanntschaft gemacht. Wir verwenden also für unsere Pflanzen ein Mineralsalz in homöopathischer Form.

An einigen Pflanzen entstehen violett-bräunliche Verfärbungen im Zusammenhang mit Pilzerkrankungen. Besonders der Falsche Mehltau zeigt sich in dieser schicken Färbung. Meistens ist diese Farbe zunächst auf der Blattunterseite zu sehen. Der Pilzrasen kann einen flaumig-weichen Eindruck machen und ist leicht abzuwischen. Bald darauf durchdringt der Pilz das Gewebe und ist auch oben sichtbar. Kurz darauf werden die befallenen Teile dann braun.

Eine andere Pilzerkrankung mit dieser Färbung ist die Dürrfleckenkrankheit (Alternaria), die zum Beispiel auf Tomaten, Kartoffeln oder Zinnien charakteristische violett-braune Flecken ausbildet.

Bei der Behandlung der Samtfleckenkrankheit an Tomaten könnte *Natrium sulfuricum C 30* zum Einsatz kommen.

Diese beiden Arten von Pilzerkrankungen haben gemeinsam, dass sie zum Gedeihen und Unheilanrichten feuchtwarmes Wetter benötigen. *Natrium sulfuricum C 30* ist ein sehr gutes Mittel für genau diese Wetterzustände, folglich kann es seine Wirkung zeigen, sobald die Aspekte feuchtwarm und violett-bräunlich zusammentreffen.

Eine besondere Rolle spielt das Mittel bei der Behandlung der Kräuselkrankheit. Diese Pilzerkrankung befällt Pfirsich-, Aprikosen-, Nektarinen- und Mandelbäume. Die Blätter werden zu Beginn der Erkrankung violett-rötlich-bräunlich und sehen blasig und gekräuselt aus. Später trocknen sie rasch ab und fallen vom Baum. Eine sehr gute Maßnahme ist die vorbeugende Anwendung von *Natrium sulfuricum C 30* zum Zeitpunkt der Knospenbildung, also sehr früh im Jahr. Bis zur vollständigen Öffnung der Knospen wird die Verabreichung noch einmal wiederholt. Außerdem dankt es uns der Baum, wenn wir nach der Ernte zur Astschere greifen und schonend zurückschneiden.

Farbveränderung: gelb, blassgelb

→ Sulfur C 200

Die Ausgangssubstanz dieses Mittels ist Schwefel. Wer sich vielleicht noch an seinen Chemieunterricht erinnert, dem kommt die Farbe Gelb in den Sinn. Andere haben direkt den Geruch nach faulen Eiern im Gedächtnis, wenn sie an die Besichtigung eines Geysirs in Island oder in den USA zurückdenken. Das Anwendungsspektrum des homöopathischen Schwefels bei Menschen ist riesig. Für unsere Pflanzen können wir uns *Sulfur C 200* sehr leicht merken, sobald gelbe oder blassgelbe Anzeichen zu sehen sind. Diese können von einer Pilzerkrankung, einer Wachstumsstörung oder einer allgemeinen Schwäche herrühren. Beim Angebot der Pilzerkrankungen landen wir wieder beim Falschen Mehltau, weil dieser sich je nach Pflanzenart und Entwicklungsstadium recht vielfältig in der Färbung zeigen kann. Gelbe Flecken auf den Blättern finden wir an sehr vielen Pflanzenarten, von Basilikum über Kopfsalat oder Tomaten bis hin zur Sonnenblume.

Gelbliche Blätter können uns auch auf die Spur der ungünstigen Wasserversorgung bringen. *Sulfur C 200* bringt den Wasserhaushalt in Ordnung und die Absorption wieder ins Gleichgewicht, außerdem reinigt es die Pflanzenzelle. Davon können beispielsweise Pflanzen profitieren, deren Blätter sich während Wärme- und Hitzeperioden gelblich und schlapp zeigen und die das zur Verfügung stehende Wasser nicht gut aufnehmen und für sich nutzen können. Oder der untere Bereich in Bodennähe ist ausreichend durchsaftet, wogegen die oberen Bereiche eher welk und kraftlos wirken.

Falsche Standorte mit zu wenig oder zu viel Licht können ebenfalls den Grund für gelbe Blätter liefern, dann ist natürlich ein Wechsel zum angenehmeren Plätzchen die beste Idee.

Gelbliche Verfärbungen wie bei dieser Glücksfeder lassen oft auf eine unangemessene Wasserversorgung schließen.

KAPITEL 3

HOMÖOPATHISCH DURCHS GARTENJAHR

Pflanzenhomöopathie ist gut, der Rundumblick auf das Ganze ist besser! Wir legen den Fokus auf unseren Gartenboden und lernen, wie wir unseren wichtigsten Pflanzenernährer mit der homöopathischen Gießkanne und weiteren Maßnahmen umhegen können. Außerdem begleiten wir alljährlich wiederkehrende Tätigkeiten mit bewährten Globuli-Anwendungen durch die gesamte Saison hindurch.

Der Boden: Ernährung und Gesunderhaltung

Pflanzenpflege beginnt ganz unten: beim Boden. Doch welche Aufmerksamkeit oder Wertschätzung verdient der »Dreck« unter unseren Füßen wirklich? Was ist Boden eigentlich, und woher wissen wir, ob die Qualität unserer Gartenerde gut ist?

Was ist gesunder Boden?

Eine Handvoll gesunder Boden enthält mehr Lebewesen, als es Menschen auf der Erde gibt. Diese Aussage ist zunächst kaum nachvollziehbar, beruht aber auf Erkenntnissen der Bodenkunde. Edaphon ist der Fachbegriff für alles, was im Boden lebt, also tierische und pflanzliche Organismen.

Als Erstes kommen einem die Regenwürmer in den Sinn, doch verglichen mit der Gesamtheit aller Bodenlebewesen machen sie gerade einmal 12 Prozent aus. Den größten Anteil der Bestandteile können wir nicht sehen, denn etwa 80 Prozent davon bildet ein Gemisch aus Bakterien, Pilzen und Algen. Der Rest wird der Mikro- und Makrofauna zugeordnet, dazu gehören zum Beispiel winzige Einzeller, Fadenwürmer, Milben, Käfer, Asseln oder Spinnen. Diese aufeinander eingespielte und ausbalancierte Mannschaft agiert vorwiegend in den oberen 12 Zentimetern und vollbringt dort unglaublich wertvolle Arbeit. Jeder Bodenbewohner hat seine Funktion.

Unsere Reiseroute in den Boden läuft vom Großen zum Kleinen, und wir starten mit dem Regenwurm.

Aufgabe der Bodenorganismen

Am Beispiel des **Regenwurms** ist gut nachzuvollziehen, was ein gesunder Boden braucht, denn er ist ein zuverlässiger Indikator. Zunächst ein paar Zahlen: In einem Quadratmeter gut genährtem Boden leben etwa 100 Regenwürmer. Sie sind echte Multitalente, denn sie durchmischen, belüften, lockern und düngen den Boden. Verdichtung oder Staunässe sind dann kein Thema mehr. Außerdem lassen sie das meiste ihrer Ausscheidungen in ihren langen Gängen, sodass die Pflanzenwurzeln sehr gerne in diese Toilettenröhren hineinwachsen, die ja auch noch mit bestem, nährstoffreichem Wurmdünger ausgekleidet sind. Das, was wir an der Oberfläche als kleine Häufchen sehen, ist nur die Spitze des Eisbergs. Regenwürmer sind wahre Bodenbildner, denn auf einem Quadratmeter entsteht pro Jahr ein Kilogramm nährstoffreicher Kot. In einem Zeitraum von etwa zwölf Jahren können sie die oberen zehn Zentimeter eines Bodens vollständig umwenden. Sie helfen sogar mit, Pilzsporen und Keime zu reduzieren, denn die werden beim Fressen von infiziertem Falllaub einfach mitverdaut.

Man ahnt es schon: Der Vielfraß braucht haufenweise Futter. Pflanzenmaterial, das auf den Beeten liegen bleiben darf, regelmäßige Kompostgaben, etwas Kaffeesatz, Zwiebelabfälle oder Strohabdeckungen bilden das Büfett, aus dem das Wurmfutter wird. Der Regenwurm vertilgt feinen, matschigen Brei aus verwesten

Zahlreiche eifrige Bodenhelfer, wie zum Beispiel Regenwürmer, sind ein gutes Zeichen für lebendige Erde.

Der Regenwurm zieht zur Vorbereitung seiner Mahlzeit ein welkes Blatt in seine Röhre. Seine Ausscheidungen düngen dann den Boden.

Pflanzenteilen. Doch wie wird aus einer Zwiebelschale ein Püree für den Zahnlosen? Die Würmer ziehen Pflanzenteile in ihre Gänge hinein, um damit den Prozess des Verrottens zu beschleunigen. Dazu braucht es auch die unzähligen anderen Helfer, also Pilze, Bakterien, Milben und weitere. Erst durch ihre Leistung kann die Nahrung so vorbereitet werden, dass der Wurm sie aufnehmen kann.

Wer ausreichend Regenwürmer im Garten hat, kann also relativ sicher sein, dass auch die wichtigen Mikroorganismen vorhanden sind, denn ohne dieses Teamwork geht es nicht.

Doch Achtung: Dieser unterirdische Kosmos ist gefährdet. Mineralische Dünger können nützliche Organismen im Boden zerstören. Kupferhaltige Düngerrückstände machen das Futter für den Regenwurm ungenießbar. Zudem kann zu tiefe und häufige Bodenbearbeitung die Regenwürmer und deren Gänge zerstören. Tiefes Umgraben ist eher nachteilig für alle Bodenlebewesen und richtet ein Durcheinander an. Ist aber die obere Erdschicht abgetrocknet, kann die Hacke nicht ganz so viel anrichten, da einige Tiere dann tiefer im Boden sind, weil dort noch mehr Bodenfeuchte gespeichert ist.

Wie steht es um die Qualität des Gartenbodens?

Drei Dinge, die wir immer bei uns haben, helfen uns ganz leicht bei der Beurteilung des Bodens: unsere Augen, Hände und Nase!

Wir betrachten die Erde nach einem tiefen Spatenstich: Ist sie sandig, klumpig, hart oder locker? Krümelige Strukturen, die gut miteinander verbaut sind, keine scharfen Kanten oder harten Flächen haben und an Popcorn erinnern, bewerten wir positiv. Zahlreiche kleine und größere Tierchen im Erdklumpen sollten auch nicht fehlen. Glatte Platten, scharfe Kanten oder Brüche am Spatenabstich bekommen keine guten Noten. Dann handelt es sich um verdichtete Strukturen. Ganz einfach auf den Punkt gebracht: Beim Boden ist es wie beim Käse, das Wichtigste sind die Löcher!

Jetzt sind die Hände dran: Kann man aus der Erde ein Würstchen kneten? Ist das Würstchen fest, handelt es sich um lehmigen Boden. Aus sandigem Material kann keine rechte Knetform gelingen. Die wünschenswerte Mischform wird ein leicht bröseliger Klumpen.

Zum Abschluss kommt noch die Riechprobe. Dazu sollte der Boden nicht stark ausgetrocknet sein. Muffige und faulige Gerüche sind Warnzeichen: Organisches Material gammelt vor sich hin, weil Sauerstoff und entsprechende Lebewesen fehlen, um eine Zersetzung zu ermöglichen. Ein fast geruchloser Boden

weist dagegen auf mageres Bodenleben hin, dann sind Maßnahmen zur Aktivierung erforderlich.
Sofern der Geruch an einen typischen Waldboden mit einem Hauch von Karotte erinnert, ist er intakt und lebendig. Wer sich nicht mehr an den Geruch von Waldboden erinnert, der weiß nun, wohin der nächste Wochenendausflug geht!

Bodenverbesserung durch Mulchen

Was ist Mulchen?

Mulchen bedeutet, dass Boden mit unverrotteten organischen Materialien bedeckt wird. Es ist gewissermaßen die Wiederverwertung von Gartenabfällen mit bemerkenswert positiven Nebeneffekten!

Laubabfälle und anderes organisches Material findet als Mulchschicht noch eine sinnvolle Verwendung.

Wer räumt eigentlich in der Natur die Abfälle auf? In einem solchen vielfältigen biologischen System geschieht Mulchen ganz automatisch und bildet einen perfekten geschlossenen Nährstoffkreislauf. Laub, Äste, abgestorbene Pflanzen, Tiere oder Tierkot werden langsam zu Humus zersetzt und in die oberste Bodenschicht integriert. Im Hausgarten funktioniert das natürlich nicht von alleine in dieser Form, also helfen wir nach. Im Prinzip bringt das Mulchen den Verrottungsprozess des Komposthaufens auf das Beet, es ist also eine Art Flächenkompostierung.
Mulchmaterial kann man kaufen, aber auch der eigene Garten, sei er noch so klein, bietet nützliche Reste. Größere Zweige oder dicke Schichten von Pflanzenabfällen eignen sich nicht. Es gilt die Regel: je kleiner und feiner, umso besser.
Das geschieht am besten im Frühjahr und Herbst, aber gerne jederzeit auf allen Flächen, sobald sie nackt und offen liegen. Mulchmaterial kann obenauf liegen bleiben oder sanft eingearbeitet werden. Die Devise heißt hier: Mach mich locker! Denn sanftes Lockern oder »Rütteln« mit einer Grabgabel lässt die kleinen Helfer in den einzelnen Bodenschichten unbeschädigt, sodass deren Arbeit sofort beginnen kann.

MULCHEN HAT VIELE VORTEILE:

* Weniger Gießen: Mulchen verhindert Verdunstung und Austrocknung.
* Weniger Jäten: Samen von »Unkräutern« keimen schlecht auf Mulchmaterial.
* Weniger Abfall: Gartenabfälle gelangen in einen Nährstoffkreislauf.
* Weniger Kosten: Einsparung von Dünger.
* Mehr Schutz vor Witterungseinflüssen, Krankheiten und Schädlingen.
* Mehr Nährstoffe: Mulchmaterial bietet natürliches Futter für Boden und Pflanzen.

Ob in Gemüsebeeten, unter Erdbeer- oder Tomatenpflanzen: Mit Stroh als Mulchschicht haben es Pilzsporen schwerer, vom Boden auf die Blätter zu gelangen.

Wer ausführliche Informationen zum Mulchen sucht, findet gute Fachliteratur oder Anleitungen im Internet. Doch weshalb der ganze Aufwand? Die Vorteile des Mulchens habe ich Ihnen im Tipp auf Seite 85 zusammengestellt.

WAS KOMMT AUF DIE BEETE?

- Rasenschnitt
- Heu und Stroh
- Laub
- Ernterückstände
- Staudenabfälle
- Rindenmulch (vorsichtig wegen Übersäuerung des Bodens, bevorzugt an Moorbeetpflanzen)
- Rindenkompost
- Brennnessel
- Beinwell
- Strauch- und Heckenschnitt, gehäckselt

Je kleiner und feiner, desto besser: Größere Gartenabfälle kommen in den Häcksler, bevor sie zum Mulchen verwendet werden.

Extra: Mulchen

Mulchen ist scheinbar kinderleicht – oder? Nicht ganz! Es gibt einige Fallstricke, die es zu kennen lohnt, dann wird Mulchen zum Kinderspiel. Deshalb habe ich Ihnen eine kurze Übersicht der Gebote und Verbote zusammengestellt:

Das ist notwendig:

* Vor dem Mulchen Unkraut entfernen und den Boden auflockern.
* Vorher organischen Langzeitdünger zugeben, da die Mikroorganismen für ihre Arbeit Stickstoff benötigen, der den Pflanzen dann fehlt (außer bei Rasenschnitt).
* Ab Mitte Mai mulchen, denn für die Zersetzung braucht es ausreichend Wärme.
* Je schwerer der Boden, desto leichter sollte der Mulch sein.
* Die Mulchschicht sollte zwischen fünf und zehn Zentimeter dick sein. Trockenliebende Pflanzen nur ganz dünn mulchen.
* Vor der Aussaat die aufgelegte Mulchschicht beiseiteschieben und in die Erde säen.
* Schnecken meiden Mulch aus Schilf, Gerstenstroh, Efeu, Kapuzinerkresse, Lavendel und anderen stark duftenden Kräutern.

Das sollten Sie nicht tun:

* Pflanzen wie Ackerwinde, Giersch oder Quecken nicht verwenden, denn sie wurzeln neu und überwuchern das Beet in kurzer Zeit.
* Keine samentragenden Reste verwenden, sonst säen sie sich aus.
* Nasses oder zu dick aufgetragenes Material lockt Schnecken an und neigt zur Schimmelbildung.
* Rasenschnitt sollte angetrocknet und nicht dicker als zwei Zentimeter sein, außerdem ohne Unkrautsamen.
* Rindenmulch kann den Boden zu sauer machen, daher nie im Gemüsegarten einsetzen.
* Keine Reste von erkrankten Pflanzen verwenden.
* Abfälle von Thuja, Eibe und Zypresse müssen zunächst drei Wochen trocknen.
* Laub von Eiche, Nussbaum und Kastanie nur in geringen Mengen oder beigemischt verwenden.

Manuelle Unkrautentfernung vor dem Mulchen ist zwar lästig und kann auch anstrengend sein, sie lohnt sich aber auf lange Sicht.

Ihre Blüten sind zwar hübsch, doch in der Mulchschicht macht die Ackerwinde – wie andere Wurzelunkräuter auch – später viel Kummer.

Was ist Humus?

Mit dem Zustand der Humusschicht steht und fällt jeder Erfolg im Garten, denn das ist die fruchtbarste obere Lage des Bodens. Dorthinein kommen unsere Samen, Setzlinge und Pflanzen.
Diese oberen 10 bis 30 Zentimeter bestehen aus zersetzter organischer Substanz, also aus verrotteten tierischen und pflanzlichen Bestandteilen. Doch verrottet bedeutet nicht tot: Es ist ein lebendiger Organismus, denn es finden ständig Abbauprozesse statt. Unzählige Bakterien, Pilze und Kleinstlebewesen leben und arbeiten darin. Insofern ist Humus ständig in Bewegung, und wir dürfen nicht davon ausgehen, dass Beschaffenheit und Qualität immer gleich bleiben.
Der Waldboden eines gesunden Mischwaldes ist das Ideal von vitalem Humus. Sofort fällt auf, dass die Erde dunkel ist und ganz typisch angenehm duftet. Keine menschliche Hand muss diesen Boden düngen, denn dort geschieht das alles in einem perfekt aufeinander abgestimmten Nährstoffkreislauf.

Falls wir beim Schnuppern unseres Gartenbodens den zarten Eindruck eines Waldgeruchs haben, ist das ein gutes Zeichen. Falls nicht, wäre regelmäßiges Mulchen der beste Anfang zur Anreicherung von Humus. Wo das nicht möglich ist, kann ein organischer Dünger die Humusbildung fördern.

Was ist Kompost?

Grünschnitt, Kartoffelschalen sowie Gemüse- und Obstabfälle sind besser auf dem Komposthaufen oder im Komposter aufgehoben als im Müll. Ebenso kommen Gartenabfälle, die keinen Platz auf Mulchflächen finden, dazu. Nach einiger Zeit, am Ende des Rotteprozesses, entsteht daraus Kompost.
Kompost ist genau genommen die feinere, zersetzte Form von Mulchmaterial. Viele nennen ihn das Gold des Gärtners, und das gibt es auch noch gratis! Er ist bester, lebendiger Humus. Der Unterschied zwischen Humus und Kompost ist, dass Letzterer vom Menschen hergestellt wurde.

Ein gut gepflegter Komposthaufen verbreitet keine unangenehmen Gerüche und zieht auch keine Nagetiere an.

Komposter gibt es als offene und geschlossene Systeme. Die offene Form mit Seitenteilen aus Brettern oder Metall lässt Luft zirkulieren. Schnellkomposter sind geschlossene Behälter. Schon die Bezeichnung verrät, dass hier die Zeit eine Rolle spielt: Bis zur Ernte vergehen etwa neun Monate, während der offene Haufen bis zu zwei Jahre benötigt, bis der Kompost reif ist. Bei beiden Systemen gibt es Vor- und Nachteile.

Richtiges Kompostieren bedeutet nicht, einfach alle Reste in Schichten aufeinanderzuwerfen und das Ganze sich selbst zu überlassen. Sonst kann schnell Fäulnis entstehen. Einen Kompost richtig pflegen bedeutet, die halb verrotteten Abfälle ein- bis zweimal pro Jahr umzusetzen, denn dann kommt Sauerstoff in das System, was die Abbauprozesse beschleunigt.

In einem ausreichend großen Garten findet sich meistens ein passendes halbschattiges Eckchen für den Komposthaufen. Bei begrenztem Platz gibt es Schnellkomposter, Wurmkisten oder Bokashi-Eimer. Für alle Systeme gibt es ausreichend Informationen in Papierform oder im Internet.

Wenn es dann so weit ist, dass das »Gold« erntereif ist, freuen sich die Beete auf das Drei-Sterne-Menü.

Kompost wird immer auf der Erde aufgetragen und mit dem Rechen verteilt, aber niemals tief untergegraben, denn sonst stirbt er ab und die Mühe war umsonst. Man rechnet im Durchschnitt mit zwei bis fünf Litern Kompost auf einen Quadratmeter im Jahr. Starkzehrende Pflanzen können bis zu sechs Liter im Jahr vertragen.

Wo Löwenzahn sich so munter vermehrt und dichte Bestände bildet, ist der Boden wahrscheinlich lehmig, kalkhaltig oder auch stark verdichtet.

Lernen Sie den Boden lesen!

Jede Pflanzenart hat individuelle Ansprüche an ihren Lebensraum. Wir wissen jetzt schon einiges über physikalische Bodeneigenschaften, doch die im Boden enthaltenen Nährstoffe könnte uns nur eine Laboranalyse aufschlüsseln.

Es geht auch einfacher: Zeigerpflanzen geben uns Auskunft über Bodenbeschaffenheit, Nährstoffe und den pH-Wert – und das sogar gratis! Denn Pflanzen mit einem »freien Willen« fungieren als Bioindikatoren und wachsen am liebsten dort, wo der Tisch für ihre Bedürfnisse reichlich gedeckt ist. Für eine Zuordnung ist es wichtig, dass die entsprechende Pflanze nicht nur vereinzelt, sondern häufig zu finden ist.

Löwenzahn und Brennnessel sind geläufig, doch Ackerhellerkraut oder Vogelmiere sind schon eher etwas für Kenner. Zur Bestimmung unbekannter Arten gibt es hervorragende Pflanzenführer, außerdem kann die Bildersuche im Internet helfen oder eine praktische App. Viele Apps ermitteln die Pflanzenart einfach mit der Fotofunktion (siehe Adressen Seite 141). Die Übersicht auf Seite 90 dient als Orientierung.

Zeigerpflanzen für Bodenbeschaffenheit

trocken	feucht, nass	sandig, leicht	lehmig, tonhaltig, schwer	verdichtet
Ackerhohlzahn Färberkamille Fingerkraut Klee Kornblume Leinkraut Mauerpfeffer Sonnenröschen Storchschnabel Wegerich-Arten Weiße Lichtnelke Wiesensalbei	Ackerminze Ackerschachtelhalm Ampfer Beinwell Binsen Brennnessel Gänsefingerkraut Kriechender Hahnenfuß Löwenzahn Wiesenschaumkraut	Hasenklee Heidekraut Klatschmohn Königskerze Vogelmiere Wegerich Wilde Möhre Wolfsmilch	Ackerminze Ackerschachtelhalm Echtes Mädesüß Gänsefingerkraut Kriechender Hahnenfuß Löwenzahn Persischer Ehrenpreis Quecke Sternmiere Vogelknöterich Wiesenfuchsschwanz	Ampfer Breitwegerich Gänsefingerkraut Kriechender Hahnenfuß Löwenzahn Quecke

Nährstoffanzeiger

stickstoffarm	stickstoffreich	kalkarm und sauer (pH-Wert unter 7)	kalkhaltig
Ackerfuchsschwanz Ackerhohlzahn Besenginster Hornkraut Hungerblümchen Klee Wildes Stiefmütterchen	Ackersenf Ackerwinde Brennnessel Ehrenpreis Giersch Hirtentäschel Kamille Klette Löwenzahn Melde Quecke Taubnessel Vogelmiere	Adlerfarn Ehrenpreis Hahnenfuß Hasenklee Hederich Hundskamille Sauerampfer Schachtelhalm Wildes Stiefmütterchen Wollgras	Ackerglockenblume Ackerhellerkraut Ackersenf Ackerwinde Brennnessel Fingerkraut Gänsedistel Gundermann Hasenklee Huflattich Leberblümchen Leinkraut Löwenzahn Odermennig Ringelblume Salbei Storchschnabel Taubnessel

Kleine Dünger-Kunde

Es ist offensichtlich, dass Kompostieren, Mulchen und Humusbildung eng miteinander verknüpft sind. In einem gesunden, sich selbst erhaltenden System könnte man allein damit ohne zusätzliche Düngergaben wirtschaften. Ein gut genährter Boden kann auch vergessene Düngergaben kompensieren. Theoretisch müssen wir nicht die Pflanzen düngen, wir müssen den Boden füttern.

Aus verschiedenen Gründen ist das nicht immer zu realisieren. Beim gezielten Anbau von Pflanzenkulturen werden dem Boden so viele Nährstoffe entzogen, dass er diese kurzfristig nicht selbst wieder aufbauen kann. Die Pflanzen brauchen zusätzliche Nährstoffe.

BIOLOGISCH AKTIVIERTE PFLANZENKOHLE

Die biologisch aktivierte Pflanzenkohle spielt eine Sonderrolle, denn sie zählt nicht zu den Düngern, sondern ist Trägermittel für Nährstoffe und das Wohnzimmer für zahlreiche Mikroorganismen.
Die Vorteile für die Bodengesundheit sind herausragend und vielfältig. Neben Boden- und Pflanzenbelebung speichert die Pflanzenkohle auch CO_2 im Boden und trägt damit langfristig zum Klimaschutz bei.
Wer seinen nährstoffarmen Boden in Richtung Lebendigkeit und Fruchtbarkeit anschubsen möchte, kann damit den Auftakt geben.

Die biologisch aktivierte Pflanzenkohle kann vor allem zusammen mit Kompost innerhalb weniger Wochen die Anreicherung von Humus im Boden fördern.

Verschiedene Dünger kennenlernen

	MINERALISCHER DÜNGER	ORGANISCHER DÜNGER
Inhaltsstoffe	* Fossile Mineralien, z. B. Phosphor und Kalium * Auf der Basis von Salzen, z. B. Kalisalz	* Rohstoffe pflanzlichen und tierischen Ursprungs, teilweise Restprodukte aus der Landwirtschaft (z. B. Hornspäne, Knochenmehl, Grünabfälle, Schafwolle)
Wirkung	* Schnelle Wirkgeschwindigkeit	* Bestandteile müssen zunächst von den Bodenorganismen verarbeitet und mineralisiert werden, um sie für die Pflanze verfügbar zu machen. * Langzeiteffekt
Nachteile	* Hoher Energieaufwand zur Herstellung * Schnell aufgebraucht * Evtl. einseitige Versorgung mit Nährstoffen * Boden-, grundwasser- und klimaschädliche Inhaltsstoffe * Gefahr von Anwendungsfehlern, Überdüngung und Pflanzenschäden * Verschlechterung der Bodenstruktur, Humusreduzierung * Evtl. überhöhte Werte auch in der Frucht * Teilweise giftig für Haustiere	* Unangenehmer Geruch * Schneller Ausgleich eines Mangels nicht möglich * Düngewirkung abhängig von der Bodentemperatur * Nährstoffe werden zu unterschiedlichen Zeitpunkten verfügbar
Vorteile	* Hoher Nährstoffgehalt * Schnell und direkt für die Pflanze verfügbar * Vergleichsweise niedriger Anschaffungspreis	* Humus aufbauend * Kaum Gefahr von Überdüngung * Kaum Gefahr der Auswaschung * Stoffe werden in den Nährstoffkreislauf integriert * Nachhaltige Bodenverbesserung * Ernährung der Bodenorganismen * Steigerung des Wasserhaltevermögens

Als Laie steht man im Fachhandel vor riesigen Regalen mit Düngern, Zusatzstoffen und Pflanzenhilfsstoffen und ist vom Angebot komplett überfordert.

Bei den Düngern gibt es zwei Hauptgruppen: mineralische und organische Dünger. Inzwischen sind auch Mischprodukte erhältlich. Die Übersicht oben zeigt die wichtigsten Unterschiede. Wer verstanden hat, welch unschätzbaren Wert ein gesunder, lebendiger Boden darstellt, versteht jetzt, weshalb ich organische Dünger bevorzuge.

Bodenvorbereitung mit Homöopathie

Globuli sind in vielen Bereichen Multitalente, und so verwundert es kaum, dass sie auch für unseren Boden Verwendung finden. Der Boden ist tatsächlich ein lebendiger Organismus, folglich kann auch niemand mehr behaupten, man würde Perlen vor die Säue respektive Globuli in den Dreck werfen.

Der unbepflanzte Boden kann im Frühjahr mit homöopathischen Mitteln vorbereitet werden (siehe Dosierung laut Dosierungstabelle Seite 33).

Es gibt nämlich einen »Boden-Anwärmer«: *Belladonna C 200.*

Auch wenn die Temperaturen eine Aussaat im optimalen Wohlfühlbereich noch nicht ganz zulassen, kann *Belladonna C 200* den kalten Boden auf energetischer Ebene anwärmen.

Dafür gießt man den Boden einmalig etwa drei bis fünf Tage vor dem Säen mit *Belladonna C 200.* Besonders in kälteren Lagen wirkt sich das günstig aus.

DIE CS-KUR

Auf Flächen, die in den Vorjahren öfter von Pilzerkrankungen oder Schädlingen befallen waren, kann die CS-Kur gute Startbedingungen schaffen. Der Name setzt sich aus den ersten Buchstaben der beteiligten homöopathischen Mittel zusammen. Die Kur wirkt reinigend und regt die Mikroorganismen im Boden zur Aktivität an.

Zwei Wochen vor der Aussaat oder Pflanzung beginnt die Kur. Man gießt vier Anwendungen in Intervallen von ungefähr drei Tagen.

Carbo vegetabilis C 30 und *Sulfur C 200* als Wechsel-Anwendung:

* Tag 1: *Carbo vegetabilis C 30*
* Tag 4: *Sulfur C 200*
* Tag 7: *Carbo vegetabilis C 30*
* Tag 10: *Sulfur C 200*

Die CS-Kur ist jetzt abgeschlossen.

Die giftige Tollkirsche wächst auf Waldlichtungen und liefert den Wirkstoff für das homöopathische Mittel Belladonna.

Saatgut und Anzucht

Einigen kam wahrscheinlich schon öfter zu Ohren, dass Homöopathie sehr gut bei Babys und Kindern wirkt. Diese Erkenntnis ist auch für unsere Pflanzen gültig! Die Babys und Kinder des Hobbygärtners sind Samen, Sämlinge, Setzlinge und Jungpflanzen.

Vorbehandlung des Saatgutes

Alle Samen, die nicht zu winzig sind und mit den Fingern ausgestreut werden können, bekommen vor der Aussaat ein ganz spezielles Bad. Diese Badekur bewirkt frühere Keimung, zuverlässige Wurzelbildung und stärkere Wuchskraft.

Ins Badewasser kommen 4 Globuli *Calendula C 30*: Die Kügelchen werden in 50 bis 150 ml Wasser aufgelöst und verrührt. Dazu nimmt man am besten ein Trinkglas oder eine kleine Dessertschüssel.

Die Samen werden hineingegeben und etwa 24 Stunden lang im Globuliwasser gebeizt. Anschließend folgen die Aussaat und das übliche Angießen.

Stärkung nach der Aussaat

Falls die Samenkörner so klein sind, dass die Aussaat der feuchten und zusammengeklebten Körnchen nicht möglich ist, wird gesät wie sonst auch: Die trockenen Körner werden in die Erde gestreut und gegebenenfalls leicht mit Erde bedeckt. Danach wird die Erde vorsichtig einmal mit dem Calendula-Wasser gegossen.

Sie können die Lösung auch mit einer Flaschenbrause (siehe Tipp unten) verteilen, um das Wasser gleichmäßig zu dosieren. Zudem verhindert die Flaschenbrause durch das sanfte Befeuchten, dass die Samen in kleinen Vertiefungen zusammenfließen oder an die Erdoberfläche aufschwimmen. Das ist besonders für das Feuchthalten in Anzuchtgefäßen praktisch.

Stärkung nach Pikieren und Versetzen

Wenn sich die zarten Pflänzchen um die besten Plätze im Anzuchtgefäß drängeln, steht der Wechsel in ein eigenes Quartier an. Sobald sich die ersten Laubblätter gebildet haben, machen sich die »Kleinkinder« gegenseitig das Licht streitig und kämpfen um mehr Raum

FLASCHENBRAUSE

Wie baut man sich eine Flaschenbrause? Nichts leichter als das!

Als Material benötigen Sie:

* Leere Plastik-Wasserflasche mit Schraubdeckel
* Korkenzieher, Handbohrer oder spitzen Nagel

Mit dem Werkzeug werden drei bis fünf Löcher in den Schraubdeckel gebohrt. Sie können die Globuli direkt in der Flasche auflösen und verschütteln. Fertig!

Nach wenigen Minuten haben sich die zwei bis drei Millimeter großen Globuli in der mit Wasser gefüllten Schale aufgelöst.

und Nährstoffe im Wurzelbereich. Jedes Pflänzchen soll nun eine größere Wohnung erhalten. Diese Arbeit nennt man Pikieren oder Vereinzeln. Dabei ist es wichtig, dass die Triebe intakt bleiben und keine ernsthaften Abrisse oder Knicke passieren. Das vorsichtige Anfassen des Stängels und Herausheben mit einem Pikierstäbchen mutet fast ein bisschen meditativ an. Kleine Verletzungen an den Wurzeln sind sogar erwünscht, denn das regt die Pflanze zu neuem, gesteigertem Wurzelwachstum an. Zu lange Wurzeln werden extra zu diesem Zweck mit dem Fingernagel abgezwickt und eingekürzt.
Anschließendes einmaliges Gießen mit *Calendula-C 30*-Wasser heilt unerwünschte Verletzungen der »Babys«, fördert das Wurzelwachstum und wirkt zudem antibakteriell.
Wenn etwas größere Pflanzen versetzt werden sollen, sind *Arnica C 200* oder *Maute-Rundum® C 30* die beste Behandlung für das gestresste Exemplar. Standardmäßig bekommen zum Beispiel alle Jungpflanzen, die im Fachgeschäft oder in der Gärtnerei gekauft werden und dann an den neuen Standort versetzt werden, *Arnica C 200* oder *Maute-Rundum® C 30* ins Gießwasser. Eine Anwendung ist ausreichend.

* VOM BABY ZUM TWEN

Babys = Samen, Sämlinge → *Calendula C 30*
Pikieren der Kleinkinder → *Calendula C 30*
Versetzen der »Teenies« (ca. 10–15 cm große Pflanzen) → *Arnica C 200* oder *Maute-Rundum® C 30*
Versetzen der »Twens« (ca. 20 cm große Pflanzen) → *Arnica C 200* oder *Maute-Rundum® C 30*

Ein Tomaten-»Baby« bekommt mehr Erde, Platz, Nährstoffe und Licht in einem eigenen Topf, bevor es ins Freiland umziehen wird.

Ein Tagetes-Setzling wird ins Beet gepflanzt. Anschließendes Angießen mit Globuliwasser fördert eine kräftige Wurzelbildung.

Aus Christianes Tagebuch: Paprika-Dilemma

In Vorarlberg besteht ein großes Bedürfnis, die homöopathischen Anwendungen an Pflanzen zu lernen. Deshalb bin ich seit Jahren zu Vorträgen in diesem »Musterländle« in verschiedenen Gemeinden eingeladen, meistens durch die jeweiligen Obst- und Gartenbauvereine. Immer entsteht ein reger Gedankenaustausch mit Frage und Antwort im Anschluss an meine Präsentation.
Etwa ein Jahr nach einem Vortrag in Lauterach spreche ich in Rankweil. An diesem Abend regnet es in Strömen, die Straßen sind teilweise durch die übergetretenen Bäche und Flüsse überflutet. Während der Autofahrt sage ich zu meinem Mann: »Glaubst du, dass bei diesem Wetter heute jemand freiwillig aus dem Haus geht? Ich würde es ganz sicher nicht tun und mit einer Decke und Tee auf dem Sofa ganz gemütlich sitzen bleiben.«
Umso verwunderter sind wir, als so viele Menschen in den Saal strömen, dass die Stühle nicht ausreichen und einige Interessierte aus Sicherheitsgründen leider wieder gehen müssen.
Im Anschluss an meine Ausführungen spricht mich eine Zuhörerin an: »Frau Maute, ich habe immer wieder versucht, Paprika in meinem Gewächshaus anzubauen, aber meistens fielen die Jungpflanzen kurz nach dem Einpflanzen einfach um und gingen ein.« Ich antworte: »Im Gewächshaus herrscht oft ein feuchtwarmes Klima, das Pilze im Boden und an den Pflanzen fördert. Vielleicht handelt es sich um eine Pilzkrankheit, vielleicht ist es die Umfallkrankheit, das gibt es bei Paprika öfter. Haben Sie schon einmal den Boden ausgetauscht?«
»Ja, hab' ich, komplett, vor etwa zwei oder drei Jahren hab' ich das gemacht, zusammen mit meiner Tochter. Das war sehr mühevoll, doch wir haben es geschafft. Leider war nach dem Pflanzen wieder dasselbe Drama: Die Paprika-Jungpflanzen fielen wieder um, nur ganz vereinzelt kamen ein paar durch. Aber nach Ihrem Vortrag im letzten März in Lauterach habe ich es genauso gemacht, wie Sie es mir aufgeschrieben haben. Gleich nach dem Setzen goss ich Calendula C 30, weil Sie gesagt haben, dass das für die ‚Babypflanzen' sehr gut ist. Eine Woche später bekamen sie eine Gabe Arnica C 200, und als die Jungpflanzen wirklich schön angegangen und ca. 20 cm hoch waren, goss ich einmal Natrium sulfuricum C 30. Stellen Sie sich vor, ich hatte 80 Stück Paprika gepflanzt und fast alle haben sich zu wunderschönen ‚Paprikasträuchle' entwickelt, mit vielen Früchten. Ich bin total begeistert! Vielen Dank!«

Homöopathie im Jahresverlauf

Gesundheit kann genauso ansteckend sein wie Krankheit – unter den richtigen Bedingungen kann sie wachsen und sich ausbreiten! Solche Bedingungen zu schaffen mag zunächst abschrecken, denn das Ganze schmeckt nach Arbeit und Aufwand. Doch wirklich arbeitsaufwendig sind vor allem schwache, kränkliche Gewächse.

Basisstärkung

Wenn wir die miteinander lebenden und kommunizierenden Systeme Boden + Pflanzen in ihrer Gesamtheit erfassen und unser Wissen wie eine Mauer aus verschiedenen Bausteinchen zusammensetzen, sehen wir, dass eine stabile, gesunde Basis uns vor allzu viel Arbeit und Frust bewahren kann. Denn verarmter, unfruchtbarer Boden bringt in der Regel kränkelnde, wenig ertragreiche Pflanzen hervor, und am Ende spüren wir es unmittelbar im Geldbeutel, wenn wir teure Produkte zum Aufpäppeln oder fortlaufend neue Pflanzen anschaffen müssen. Eine gute Grundlage nährt ein robustes System!

Man könnte nun denken, dass auf fruchtbarem und lebendigem Boden die Homöopathie am Ende sogar überflüssig sei. Tatsächlich kenne ich Gärten, die sehr gut so zurechtkommen. Herausragend an der Homöopathie sind jedoch die vorbeugenden Möglichkeiten, die punktgenaue, gezielte Maßnahme und die Behandlung von Witterungsschäden. Unsere Erfahrungen legen dar, dass diese Methode in der Lage ist, alle Beteiligten im System in eine widerstandsfähige Balance zu bringen. Unsere Pflanzen können sich somit hervorragend gegen schädigende Einflüsse wappnen und ihre eigene Kraft entfalten.

Da wir es mit Lebewesen zu tun haben, die sich ständig verändern, reicht es nicht aus, einmal pro Jahr seinen Fokus auf ein paar Schwachstellen zu richten und dann für den Rest der Saison alles sich selbst zu über-

Die ersten Arbeiten und homöopathischen Behandlungen beginnen schon vor der großen Blütenpracht während frostfreier Tage im Frühling.

In der Wintersaison kümmern wir uns während frostfreier Phasen um die Wasserversorgung der Immergrünen und der Kübelpflanzen.

Je häufiger Sie den Boden genauer betrachten und mit den Händen befühlen, umso besser können Sie seine Qualität beurteilen.

lassen. Plötzlich eintretende Ereignisse wie Wetterkapriolen, Pflanzenkrankheiten oder eine Schädlingsinvasion lassen uns natürlich sofort aktiv werden. Und im Laufe der Zeit wird es unserem geschulten Auge immer leichter gelingen, eine Einschätzung kurz und treffend vorzunehmen und entsprechend wirksam zu handeln.

Eine fortlaufende Basisstärkung über mehrere Jahre hinweg wird bewirken, dass typische Erkrankungen oder Plagegeister deutlich später in der Saison ausbrechen, schwächer agieren oder sogar ausbleiben. Folglich wird sich auch unser Arbeitsaufwand mit Globuli & Co reduzieren. Nach und nach werden die wichtigsten Anwendungen zur selbstverständlichen Gewohnheit werden und nebenbei mitlaufen, genauso wie das übliche Gießen. Mit der Basisstärkung zu starten ist daher die beste Idee, einen schnellen Einstieg zu finden. Die bunte Mauer zeigt, welche Bausteinchen eine tragende Rolle spielen. Unsere Beobachtungsgabe, das wachsende Wissen und das regulierende Zutun bilden den Mörtel, der alles zusammenhält.

Was wächst denn hier? Die Pflanzenbestimmung mit der Kamera des Smartphones und einer App funktioniert zuverlässig und kinderleicht.

Bausteine zur Basisstärkung

Erklärungen:

1. Pflanzenpflege beginnt ganz unten, unter unseren Füßen: beim Boden!
   Bodenbeurteilung: Qualität der Gartenerde einschätzen mithilfe unserer drei Sinne Sehen, Riechen und Fühlen (siehe Seite 84).
2. Den Boden lesen lernen: Welche Zeigerpflanzen sind vielfach und hartnäckig vorhanden und welche Hinweise geben sie uns in Bezug auf den pH-Wert und die Nährstoffe im Boden?
3. Humusaufbau oder Humusanreicherung: Was ist notwendig? Wichtig ist, nicht die Pflanzen zu düngen, sondern den Boden aufzubauen und zu füttern.
4. Die CS-Kur (siehe Seite 93) und das Mineral-Trio (siehe Seite 104) wirken reinigend und unterstützend für das Bodenleben und die verschiedenen Nährstoffe.
5. Alle Pflanzen im Garten, auf der Terrasse oder auf dem Balkon bekommen bei Bedarf ihre homöopathische Stärkung im Jahresverlauf (siehe Seite 102/103).

Homöopathische Behandlungen im Jahresverlauf

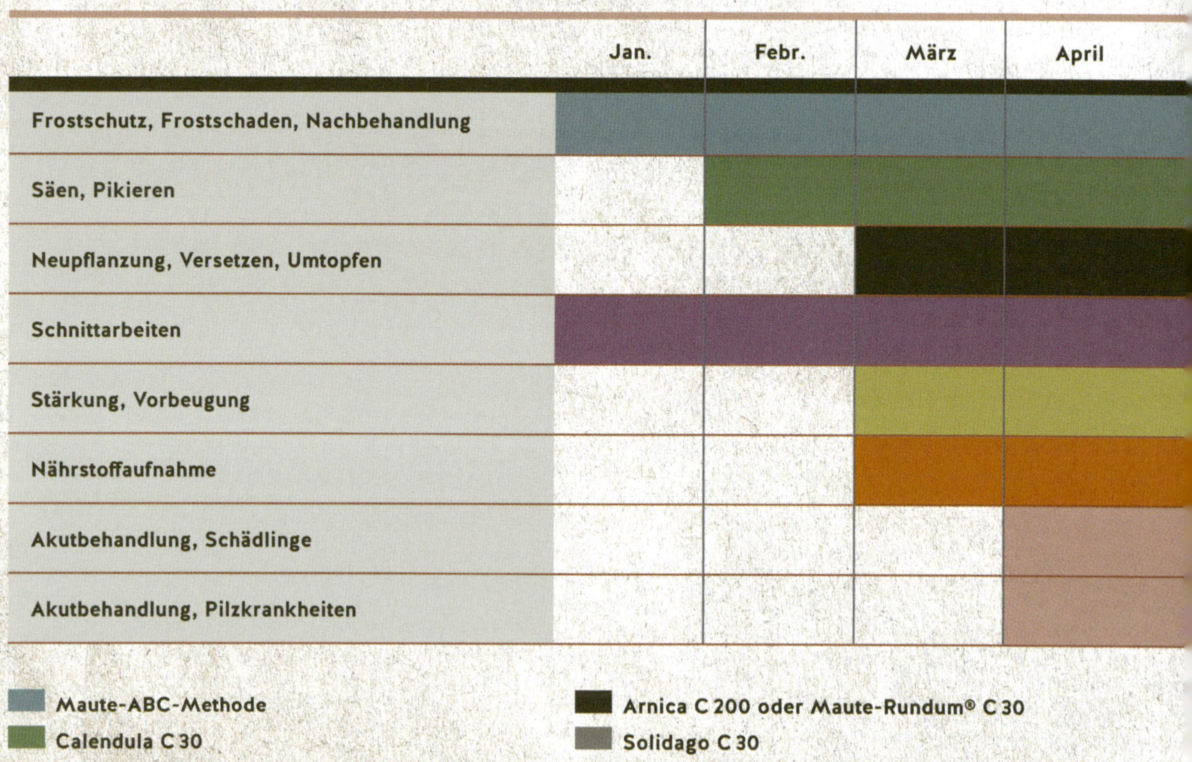

Homöopathie im Jahresverlauf

Diese Übersicht veranschaulicht das oberste Bausteinchen Nr. 5 der Mauer (siehe Seite 101). Sie zeigt wiederkehrende Ereignisse und Maßnahmen im Garten, auf der Terrasse oder dem Balkon, die mit entsprechenden Globuli-Anwendungen vorbeugend oder auch akut behandelt werden können. Besonders pragmatisch Denkende mögen vielleicht dazu tendieren, einfach das gesamte Grün jahrein und jahraus mit der homöopathischen Basisstärkung zu überschütten. Da hebe ich direkt den mahnenden Zeigefinger und empfehle noch einmal den Blick zurück zu Seite 25. Denn Behandlungen nach dem Motto »viel hilft viel« können das System ermüden, reaktionsträge machen und nicht so tief wirken wie gut überlegte, individuell gewählte Mittel.

Erklärungen:

* Die Maute-ABC-Methode (siehe Seite 49) wirkt als Durchstarter-Trio für alle mehrjährigen Pflanzen, Sträucher, Bäume und Stauden im zeitigen Frühling, damit kann aber auch schon im Herbst vor den ersten Frösten begonnen werden. Dann wird das erste Mittel der Reihe, *Aconitum C 200*, einmal im November/Dezember gegossen und die Behandlung mit den anderen beiden Mitteln im Frühjahr beendet.
* Säen und Pikieren bekommen Unterstützung durch *Calendula C 30*.
* Neupflanzung, Versetzen und Umtopfen werden begleitet von *Arnica C 200* oder *Maute-Rundum® C 30*. Während warmer oder heißer Witterung regenerieren die Pflanzen besser mit *Solidago C 30*.

Staphisagria C 200

Maute-Rundum® C 30 oder Silicea C 200

homöopathisches Mineral-Trio

Mittelwahl anhand der Wegweiser

* Nach Schnittarbeiten wird einmalig *Staphisagria C 200* gegossen.
* Stärkung und Vorbeugung erfolgen durch *Maute-Rundum® C 30* oder *Silicea C 200. Maute-Rundum® C 30* kann mehrmals pro Jahr und in größeren Abständen, z. B. alle drei bis vier Wochen, gegeben werden. Bei *Silicea C 200* ist zu beachten, dass es maximal dreimal pro Saison angewendet werden darf, und die dritte Anwendung sollte nicht später als Mitte Juli sein. Es wirkt auf die Triebkraft und Wuchsfreudigkeit der oberirdischen Pflanzenteile, deshalb sollte es an Knollen- und Wurzelgemüsen wie Roter Bete, Karotten, Kartoffeln, Kohlrabi, Knollensellerie usw. maximal einmal gegeben werden, da sonst die Knollen klein bleiben und die Ernte mickrig ausfallen könnte. Gleiches gilt für Blattgemüse: Da *Silicea C 200* das Zellgewebe kräftigt, könnten Salate & Co bei Überdosierung eine zu harte Blattstruktur ausbilden.
* Nährstoffaufnahme optimieren und ausgleichen geschieht durch das Mineral-Trio (siehe Seite 104). Alle Nutzpflanzen mit erhöhtem Bedarf profitieren von den Gaben in der Tiefpotenz D 6.
* Akutbehandlungen im Fall von Schädlingen oder Pilzkrankheiten werden individuell anhand der Wegweiser (siehe Seite 55 und 65) vorgenommen.

Das homöopathische Mineral-Trio

In der Menschenbehandlung ist die Auswahl der korrekten Potenz eine kleine Wissenschaft für sich. Jeder behandelnde Arzt oder Heilpraktiker mit entsprechender Erfahrung greift bei seiner Entscheidung auf eigenes Know-how und Fingerspitzengefühl zurück.
Bislang war im Buch von Hochpotenzen in C 30 oder C 200 die Rede. Tiefpotenzen wirken anders als Hochpotenzen. In Tiefpotenzen sind von der Ausgangssubstanz noch materielle Anteile, also Wirkmoleküle, in der Arznei zu finden, da der Verdünnungsgrad viel niedriger ist als bei den Hochpotenzen.
Das homöopathische Mineral-Trio wird in der Tiefpotenz in D 6 eingesetzt. Damit können wir die Bereitstellung der mineralischen Stoffe im Boden verbessern und die Aufnahme sowie Verarbeitung in der Pflanze optimieren. Es wirkt also in etwa wie ein »homöopathisches Pflanzenfutter«.
Jede Pflanzenkultur, die ein besonderes Plus eines bestimmten Nährstoffes benötigt, profitiert von einer Behandlung mit dem homöopathischen Mineral-Trio. Es ist in jedem Fall klug, die Bedürfnisse der Pflanzen zu kennen, um das Wachstum gezielt zu unterstützen.
Das homöopathische Mineral-Trio besteht aus drei Mitteln:

1. *Calcium carbonicum D 6*
2. *Kalium phosphoricum D 6*
3. *Magnesium phosphoricum D 6*

Da das Mittel einer Tiefpotenz von der Pflanze schneller aufgebraucht wird, sollten wir an drei aufeinander-

Viele homöopathische Mittel in Tiefpotenzen sind in Tablettenform erhältlich. Das Auflösen in Wasser dauert etwa genauso lang wie bei den Globuli.

Dosierungstabelle für die Tiefpotenz D 6

POTENZ	MENGE/GEWICHT	WASSER (LITER)
D 6	20 Globuli = 4 Tabletten	ca. 1–2 l
	¼ Teelöffel = 40 Globuli = 8 Tabletten	ca. 2–5 l
	½ Teelöffel = 80 Globuli = 16 Tabletten	ca. 10 l
	1 Teelöffel Globuli = ca. 30 Tabletten	ca. 20 l
	1 ½ Teelöffel Globuli = ca. 45 Tabletten	ca. 30 l

folgenden Tagen »füttern« und das Ganze in der darauffolgenden Woche noch einmal wiederholen. Das Trio kann, vor allem bei Starkzehrern, in der links gezeigten Reihe gegossen werden, aber auch ein Ein-Gang-Menü ist bei besonderem Bedarf möglich. Bei Gurken, Auberginen oder verschiedenen Salaten steht zum Beispiel Kalium ganz oben auf der Wunschliste, folglich freuen sich solche Arten über eine Zugabe *Kalium phosphoricum D 6.*

Die Dosierung der Tiefpotenzen D 6 unterscheidet sich von der Dosierung der Hochpotenzen C 30 bzw. C 200. Von den D-Potenzen werden deutlich mehr Globuli benötigt. Beim Bestellen oder beim Einkauf am besten die größere Menge und die mehrmaligen Behandlungen einkalkulieren!

Die Tiefpotenzen D 6 sind oft nicht als Globuli, sondern in Tablettenform erhältlich. Daher sind in der Tabelle oben beide Darreichungsformen gelistet.

Folgende Funktionen und Wirkungen haben die Mineralien in ihrer unveränderten Ursprungsform:

Kalzium wirkt positiv auf Durchlüftung und Krümeligkeit der Erde. Es ist wichtig für die Zellteilung, den Bau der Zellwände und die Streckung in der Wachstumsphase, außerdem ermöglicht es die Aufnahme von weiteren wichtigen Nährstoffen in die Pflanze.

Kalium steuert Stoffwechselvorgänge, fördert den Zellaufbau und ist unersetzlich beim Aufrechterhalten des Wasserstroms in den Leitungsbahnen der Pflanze. Darüber hinaus ist es wichtig für die Aromabildung in

Austernschalenkalk, fein zerrieben, dient als Ausgangssubstanz für das homöopathische Mittel Calcium carbonicum.

Diese Himbeerpflanze ist gut mit Nährstoffen versorgt. Das erkennt man an den sattgrünen, kräftigen Blättern und an den gesunden Früchten.

den Früchten und trägt zur Frosthärte von Pflanzen bei. Kalium fördert die Wurzel- und Knollenbildung und die Lagerhaltbarkeit.

Magnesium ist wichtig zur Bildung von Blattgrün (Chlorophyll) und für die Fotosynthese, die ein essenzieller Baustein der Energieerzeugung und damit lebensnotwendig ist. Es sorgt für die Stabilität von Zellmembranen und ist an der Zellatmung beteiligt. Ein Mangel entsteht vorwiegend auf sauren, leichten Sandböden, aber auch eine Überdüngung mit Kalium und Stickstoff kann einen Magnesiummangel auslösen (siehe Arzneimittel-Beschreibungen ab Seite 128).

Beispiele für individualisierte Routinen im Jahresverlauf

Vorbeugende Behandlungen:

* Alle mehrjährigen Pflanzen können mit sogenannten »Standardbehandlungen« eine gute Basisstärkung bekommen. Sollten sich in den Vorjahren Probleme gezeigt haben, können diese

Magnesiummangel zeigt sich meist durch gelbliche Bereiche auf älteren Blättern und grünbleibende Blattadern (siehe Seite 132).

Extra: Tomatenstärkung

Wer Tomaten im Freiland oder im Gewächshaus kultivieren möchte, weiß vermutlich, dass diese Pflanzen recht anfällig für eine ganze Reihe von Krankheiten sein können. Die Palette reicht von Braunfäule über Mehltau bis hin zu Blütenendfäule und Fruchtendfäule.

Tomaten sind klassische Starkzehrer im Gemüsegarten, das bedeutet, dass sie eine ständige und gleichmäßige Versorgung mit Nährstoffen brauchen, allen voran Kalzium, Kalium und Magnesium. Bei guter Ernährung treten die oben genannten typischen Probleme seltener oder gar nicht auf. Auch das Aufplatzen der Früchte wird durch eine angemessene Nährstoffzufuhr reduziert. Zudem ist auch das gleichmäßige Feuchthalten der Erde wichtig, um dem Aufplatzen entgegenzuwirken.

Wer den Boden mit Mulch (Stroh oder getrockneter Rasenschnitt) abdeckt, schafft auch an der Basis günstige Bedingungen, denn so haben es die Braunfäule-Sporen schwerer, aus dem Boden nach oben aufzusteigen. Tatsächlich können dicke, schwere Regentropfen beim Aufprall auf die Sporenlager einen Ausbruch der Krankheit ankurbeln, weil die Pilzsporen nach oben stäuben und auf den feuchten Tomatenblättern haften bleiben. Besser ist es daher, wenn das Laub trocken bleibt.

Für eine ausgeglichene Nährstoffaufnahme und Absorption hat Christiane die **Drei-Tages-Tomatenkur** entwickelt. Diese Kur hat bei vielen Anwendern gute Ergebnisse gebracht. Auch bei anderen Gemüsearten mit besonderem Nährstoffbedarf kann sie angewendet werden (siehe Mineral-Trio Seite 104).

Tag 1: *Calcium carbonicum D 6*
Tag 2: *Kalium phosphoricum D 6*
Tag 3: *Magnesium phosphoricum D 6*

Diese Drei-Tages-Tomatenkur kann drei bis sechs Wochen lang gegeben werden.

Wichtig: Die Dosierungstabelle für die Tiefpotenzen D 6 beachten und beim Einkauf die größere Menge und die häufigeren Behandlungen einkalkulieren!

Die Fruchtendfäule an Tomaten ist eine häufige Mangelerkrankung. Eine gute Kalziumversorgung kann dies verhindern.

Von Anfang an bestens versorgte Tomaten sind weniger anfällig für Braunfäule, eine Pilzkrankheit, die gern Tomaten und Kartoffeln befällt.

dann schon vor der kritischen Phase mit individuell ausgesuchten Mitteln behandelt werden. Es ist sehr hilfreich, wenn wir wissen, wodurch und in welcher Form sich die Erkrankung gezeigt hat.

* In den folgenden Beispielen werden die Behandlungsschritte aus der Basisstärkung gezeigt und die vorbeugenden, individuell ausgewählten Behandlungen sind braun dargestellt.
* Es kann durchaus sein, dass nach der vierten Behandlung noch weitere notwendig sein werden.

Beispiel A: Obstbaum oder Rose mit Schädlingsbefall

1. Maute-ABC-Methode
2. Falls Schnittarbeiten durchgeführt wurden: eine Anwendung *Staphisagria C 200*
3. Stärkung und Vorbeugung allgemein: *Maute-Rundum® C 30* oder *Silicea C 200*
4. Etwa zwei bis drei Wochen vor der Schädlingsinvasion: 1–2 Anwendungen *Cimicifuga C 30*

Nicht zu früh aufgeben: Die »Senioren« unter den Pflanzen reagieren langsamer und später auf homöopathische Behandlungen.

Beispiel B: Baum oder Strauch mit Schädlingsbefall

1. Maute-ABC-Methode
2. Falls Schnittarbeiten durchgeführt wurden: eine Anwendung *Staphisagria C 200*
3. Stärkung und Vorbeugung allgemein: *Maute-Rundum® C 30* oder *Silicea C 200*
4. Etwa zwei bis drei Wochen vor der Schädlingsinvasion: 1–2 Anwendungen *Sulfur C 200*

Beispiel C: Baum oder Strauch mit Pilzerkrankung

1. Maute-ABC-Methode
2. Falls Schnittarbeiten durchgeführt wurden: eine Anwendung *Staphisagria C 200*
3. Stärkung und Vorbeugung allgemein: *Maute-Rundum® C 30* oder *Silicea C 200*
4. Die Pilzerkrankung zeigte sich im Vorjahr mit schwärzlichen Verfärbungen oder grau-weißlichen Belägen und im Zusammenhang mit feuchtkaltem Frühjahr: 1–2 Anwendungen *Thuja C 200*

Beispiel D: Baum oder Strauch mit Pilzerkrankung

1. Maute-ABC-Methode
2. Falls Schnittarbeiten durchgeführt wurden: eine Anwendung *Staphisagria C 200*
3. Stärkung und Vorbeugung allgemein: *Maute-Rundum® C 30* oder *Silicea C 200*
4. Die Pilzerkrankung zeigte sich im Vorjahr in Zusammenhang mit schwülwarmer Witterung: 1–2 Anwendungen *Natrium sulfuricum C 30*

Beispiel E: Alternder »Senior« (Baum oder Strauch)

1. Maute-ABC-Methode
2. Falls Schnittarbeiten durchgeführt wurden: eine Anwendung *Staphisagria C 200*
3. Stärkung für Senioren: *Carbo vegetabilis C 30*
4. Stärkung und Vorbeugung allgemein: *Maute-Rundum® C 30* oder *Silicea C 200*

Aus Christianes Tagebuch: Tomaten und die schwäbische Sparsamkeit

Tomaten bei uns in Deutschland im Freiland anzubauen, ist keine einfache, sondern meistens eine sehr knifflige und unbefriedigende Sache. Leider schlägt zu schnell die Braunfäule zu, vor allem nach lang anhaltendem Regen oder auch bei schwülwarmem Wetter.

Mein Mann baut in unserem kleinen Garten seit Jahrzehnten 16–20 verschiedene Tomatensorten im Freien an. Durch die homöopathische Behandlung trotzen unsere Tomaten der Witterung und dem Pilzbefall und liefern sehr erfreuliche Erträge. Wir staunen immer wieder von Neuem und freuen uns jeden Sommer auf diese rosa, rote, orangefarbene, grün gestreifte, dunkelviolette und fast schwarze Tomatenvielfalt, denn der Geschmack der einzelnen Sorten ist unvergleichlich.

Ungefähr ein Jahr nachdem mein Buch »Homöopathie für Pflanzen« herausgekommen war, rief mich eine Heilpraktiker-Kollegin aus dem Großraum Stuttgart an. Sie klagte am Telefon, dass sie mein Buch habe, aber es würde überhaupt nicht funktionieren mit der Homöopathie, sie käme da nicht weiter.

Ich fragte genauer nach, was denn nicht »funktioniere«. Sie sagte: »Ach, wisset Se, mit de Tomate geht des überhaupt net. Die habet Braunfäule, die verwelket ganz schnell.«

Auf mein erneutes Nachbohren, ob sie denn vorsorglich zur Pflanzung Calendula C 30 genommen und später zur Stärkung die im Buch beschriebene Tomaten-Kur angewendet habe, mit Calcium carbonicum D 6, Kalium phosphoricum D 6 und Magnesium phosphoricum D 6, sagte sie: »Noi, wisset se, des hab' i grad net daheim g'hett, des hätt' i jo älles kaufa müssa.«

Garten und Klimawandel

Der Begriff »Klimawandel« wurde während der letzten Jahre fast inflationär verwendet. Die Pressemeldungen im Sommer sprechen von langfristigen Schäden für die Ernten von Bauern und vom besorgniserregenden Zustand der Wälder. Auch Gartenbesitzer spüren die Auswirkungen von zunehmender Hitze und Trockenheit.

Cleveres Wasser-Management

Das Thema Hitze, Trockenheit und Wasserknappheit ist nicht nur ein Thema, das uns Menschen in Zeiten des Klimawandels betrifft. Auf Dauer leiden die Pflanzen ebenfalls unter Hitze, Trockenheit und Wasserknappheit, und auch der Boden kann sich zu seinen Ungunsten verändern.

Ausgetrocknete Böden können Wasser nur ungenügend aufnehmen und speichern, es bleibt länger auf der harten Kruste stehen und verdunstet schneller. Erosion durch Wind ist die Folge. Gleichzeitig laufen solche verhärteten Böden während einer langen Regenphase Gefahr, Staunässe zu entwickeln. Wichtige Nährstoffe werden ausgeschwemmt, weil die Speicherung mangelhaft ist.

Wer »im großen Ganzen« denkt, verteilt die Herausforderung auf mehrere Schultern und hat ein paar Stellhebel für eine erfolgreiche Regulierung parat!

Der schlaue und technisch richtige Umgang mit dem Thema Wasser basiert auf zehn Säulen:

1. Seltener, dafür länger wässern, zum Beispiel zweimal wöchentlich. Tiefere Bodenschichten sollten gut durchfeuchtet werden. Dort bleibt Wasser besser gespeichert und die Pflanzen werden zur längeren Wurzelbildung »erzogen«. So kommen sie viel besser mit Trockenperioden und Hitze zurecht.
2. Pflanzen möchten trinken, nicht duschen! Auf nassen Blättern verdunstet das Wasser und bei den Wurzeln kommt zu wenig an. Daher den Wurzelbereich ausgiebig wässern.
3. »Wasser marsch« von oben und während Sonneneinstrahlung ist Wasserverschwendung, weil viel verdunstet.
4. Rasenflächen nicht kürzer als fünf Zentimeter schneiden.
5. Das Gießen am Abend ruft in schlecht belüfteten Bereichen Pilzerkrankungen hervor, außerdem zieht es vermehrt Schnecken an. Am besten in den frühen Morgenstunden gießen.
6. Geeignete Pflanzen wählen: Mauern und Wände speichern Hitze, sodass Pflanzen mit hohem Wasserbedarf an solchen Standorten quasi unersättlich sind. In sandigen Böden oder Steingärten hat man es mit Gewächsen aus dem mediterranen Raum leichter.
7. Augen auf bei der Wahl der Pflanzgefäße! Topfpflanzen in Terrakotta-Töpfen brauchen viel mehr Wasser, da das Material zusätzlich Feuchtigkeit nach außen verdunstet.

Terracotta-Töpfe sind aus natürlichem Material und verbreiten mediterranes Flair, sind aber auch wahre Meister im Verdunsten von Wasser.

Unbepflanzte und nackte Böden werden in heißen Sommern innerhalb kurzer Zeit trocken und rissig. Regenwasser kann dann schlecht eindringen.

8. Regenwasser sammeln. In vielen Gegenden ist Leitungswasser kalkhaltiger.
9. Der Boden möchte bedeckt sein: Nackte Flächen vermeiden durch Mulchen. Diese Art »Flächenkompostierung« beschattet den Boden und vermeidet Verdunstung. Der gesteigerte Humusgehalt verbessert die Speicherfähigkeit von Wasser.
10. Der Boden möchte keine tief schürfenden Eingriffe, denn Umgraben bringt Feuchtigkeit nach oben, die dann verdunstet. Vorsichtiges Häckeln und »Rütteln« mit einer kleinen Grabgabel ist erwünscht und erlaubt.

Klassische Rasenflächen sind leider die gierigsten Wassertrinker während Trockenphasen und zudem beim Düngen sehr anspruchsvoll. Wenn sie nur der Optik dienen und niemand die Fläche zum Spielen oder Sonnen nutzt, könnte man sich Alternativen überlegen. Es gibt viele Ideen, die von begehbaren Bodendeckern bis hin zu Blumenwiesen oder Kräuterrasen reichen.

Ein dicker, schräg in die Tonne gestellter Ast oder eine Abdeckung verhindern, dass Tiere wie Eichhörnchen, junge Vögel oder Katzen in der offenen Regentonne ertrinken.

Aus Christianes Tagebuch: Klimawandel

Es ist an der Zeit, etwas zu ändern: Die Pole schmelzen, die Meere erwärmen sich, Korallenriffe sterben ab, seit Jahren besteht ein Artensterben sowohl im Tier- als auch im Pflanzenreich. Doch wie sollten wir etwas ändern? Wenn wir Mutter Erde erhalten möchten, müssen wir zügig Maßnahmen ergreifen, die unseren gesamten »Fortschritt«, unsere blühende Wirtschaft, unsere Gewinne, unser Bruttosozialprodukt und vieles mehr auf den Kopf stellen werden. Und: Wir müssten alle sehr viel unserer Bequemlichkeit und lieb gewordenen Aktivitäten aufgeben.

Wie sieht der Klimawandel bei uns aus? Er zeigt sich durch sehr unsichere Wetterlagen, lange Hitze- und Trockenperioden wechseln mit Dauerregen und Überschwemmungen ab. Zudem werden bestimmte Regionen in Deutschland von heftigen Hagelgewittern oder Stürmen heimgesucht. Gerade in Trockenzeiten ist das Pflanzen von Bäumen äußerst schwierig. Die neue Pflanzung müsste anfangs laufend gewässert werden, was viele Städte oder Gemeinden arbeitstechnisch nicht leisten können. Unser Pflanzenberater und Gärtnermeister Georg ist von der »Pflanzenhomöopathie« durchdrungen und war von Anfang an begeistert. Da er beruflich viele Pflanzen und Bäume setzt, ist er derjenige in unserer Gruppe, der gerne Versuche startet.

Er erzählte uns: Früher mussten sich die Gärtner mit der Pflanzung zum geeigneten Zeitpunkt sehr beeilen, denn ab dem Frühsommer konnte in warmen Jahren kein Baum mehr gesetzt werden. Durch den homöopathischen Mitteleinsatz ist das zeitliche Pflanzfenster viel größer geworden. Die Pflanzen können sogar noch während Hitze gesetzt werden.

Also pflanzte Georg Anfang August versuchsweise einen Straßenbaum, den er umgehend mit Arnica C 200 versorgte. Dann probierte er drei Tage später das erste Mal Solidago C 30. Diese beiden Behandlungen reichten überraschenderweise vollkommen aus! Der Baum wuchs trotz Hitze und Trockenheit problemlos an. Solidago C 30 vermag die Leitungsbahnen von Pflanzen bis in die Spitzen mit Wasser zu versorgen. Diese phänomenale Wirkung im Hinblick auf die Wasserversorgung von Pflanzen, selbst während Hitze, lehrte uns dieser erste Versuch mit Solidago C 30.

Einen weiteren, ähnlichen Fall hielt Georg fotografisch fest: Drei fast ausgewachsene Mammutbäume mit 15 Metern Höhe und einem Ballenumfang von ca. drei Metern sollten versetzt werden. Sie wurden im Mai mit großen Maschinen ausgegraben und an einem sehr ungünstigen Ort drei Monate lang »zwischengelagert«. Natürlich wurde im Zwischenlager auch Arnica C 200 ins Gießwasser gegeben. Anfang Juli wurden die Bäume erneut ausgegraben und an ihren endgültigen Ort verpflanzt. Das Ausgraben und Versetzen verursacht extrem viel Stress bei so großen Bäumen. Das Wetter war bereits sehr heiß, dennoch ermöglichten Arnica C 200 und Solidago C 30 ein unproblematisches Anwachsen. Die Bäume standen im September völlig gesund und ohne Ausfälle da. Man hatte den Eindruck, als seien sie an dieser Stelle bereits als Jungbäume gepflanzt worden.

Homöopathische »Hitzemittel«

Wir haben vier homöopathische Mittel zur Hand, die die Folgen von Trockenheit und Hitze bei Boden und Pflanzen ausbalancieren können.

1. Stark ausgetrockneter, sehr heller und von Rissen durchzogener Boden kann mit *Arsenicum album C 200* begossen werden.
2. *Calendula C 30* hat im Topfpflanzen-Versuch beim direkten Vergleich gezeigt, dass die Fähigkeit zur Wasserspeicherung in der Erde deutlich besser ist. Die Erde der Pflanzen, die mit *Calendula C 30* gegossen wurde, bleibt länger feucht.
3. *Sulfur C 200* hilft Pflanzen nach schwächenden Trockenphasen, das zur Verfügung stehende Wasser wieder besser aufnehmen zu können. Es wirkt in den Pflanzenzellen, indem es die Absorption verbessert.
4. Ein Stärkungsmittel nach Wurzelverletzungen in heißen Sommern ist *Solidago C 30*. Es ist, neben *Arnica C 200*, hervorragend geeignet für die Behandlung nach Umtopfen oder Umsetzen.

Bodenverdichtung

Neben Wasserknappheit und Hitze können lange, regenreiche Sommermonate die Böden verschlämmen. Wasser kann nicht nach unten abfließen und Nährstoffe werden ausgeschwemmt. Der Boden kann dicht und fest werden.

Das Umtopfen während heißer Witterung ist für viele Pflanzen keine Kleinigkeit. Es gelingt ohne Risiko, wenn Sie die Pflanze anschließend mit *Solidago C 30* angießen.

Auch wer seinen Garten in einem Neubaugebiet anlegen möchte, kommt möglicherweise mit diesem Thema in Kontakt: Dort hat das Befahren mit schweren Baumaschinen den Boden zu einer dichten, undurchlässigen Masse zusammengedrückt.

Der Boden ist dann weniger porös, mangelhaft belüftet und stellt kaum noch ausreichend Sauerstoff für die Bodenorganismen bereit. Das ganze Bodenleben schläft ein.

Ausnahmsweise ist dann tiefes Umgraben gestattet, und Sand wird gleich mit eingearbeitet. Ist der Boden noch humusreich, lebendig und gesund, dürfen wir lediglich ein bisschen mit der Grabgabel aufrütteln. Gründüngung, Mulchen, Kompost und einige Wochen Zeit verbessern das Ganze mehr, als wir selbst es mit einem Spaten tun könnten.

Es gibt aber auch Helfer aus dem Pflanzenreich: Eine Gründüngung mit Gelbsenf, Inkarnatklee und Phacelia lockert den Boden, und in heißen Sommern können dabei Studentenblumen und Kapuzinerkresse mitwirken.

Kapuzinerkresse und Tagetes können nach der Wachstumsphase in den Boden eingearbeitet werden. Das ist eine natürliche Gründüngung.

Die Anreicherung mit Sand kann auf schweren, verdichteten Böden eine bessere Struktur schaffen.

Zimmerpflanzen

Zimmerpflanzen sind für die meisten Menschen unverzichtbare Mitbewohner, denn sie dienen der Raumgestaltung und verbessern das Raumklima. Aber sie können noch mehr: Sie verbessern die Akustik im Haus, heben die Stimmung, können Stress reduzieren und sogar die Konzentrationsfähigkeit steigern!

Exotische Zuzügler

Zimmerpflanzen stammen aus tropischen oder subtropischen Regionen, oft aus Regenwäldern, und sie sind frostempfindlich. Daher mögen sie die Umgebung bei uns im Haus, wo die durchschnittlichen Temperaturen zwischen 18 und 25 °C liegen.

Beim Kauf beachten

Schon der Einkauf der neuen Schönheit kann zukunftsweisend sein. Wenn wir kritisch hinschauen, können wir Anfangsfehler vermeiden, denn manche Probleme kauft man ungefragt mit ein. Der aufmerksame Blick auf Blätter und Erdreich lohnt sich, um Mängelexemplare zu erkennen, denn sonst schleppt man Schädlinge oder Krankheiten mit nach Hause. Der Erdballen sollte weder komplett ausgetrocknet noch triefend nass sein, und zu kleine Töpfe mit herauswachsenden Wurzeln lassen wir lieber stehen. Der anschließende Transport im klirrend kalten oder stark überhitzten Auto soll möglichst kurz dauern.
Im neuen Domizil spielt auch der Standort eine Rolle. Die Pflanzen zeigen bald nach dem Einzug, ob ihnen Licht, Temperatur und Luftfeuchtigkeit genehm sind. Langfristig verlangen sie je nach Wuchsfreudigkeit etwa alle zwei bis drei Jahre neue Erde und etwas mehr Platz in einem größeren Topf.

Exoten richtig behandeln

Die Behandlung »indoor« unterscheidet sich kaum von der Behandlung der Freilandpflanzen. Für nahezu alle Probleme finden sich die passenden homöopathischen Mittel in den tabellarischen Wegweisern (siehe ab Seite 45). Die Tiefpotenzen D 6 aus dem Mineral-Trio werden selten und nur bei besonderem Bedarf verwendet. Sonderfälle sind im Folgenden bei den einzelnen Themen erläutert.

Bei der **Dosierung** werden wir öfter sehr kleine Wassermengen brauchen. Die Mindestmenge Globuli der Hochpotenz C 30 oder C 200 liegt bei drei Stück. Bei kleinen Pflänzchen, Sukkulenten oder Kakteen eignet sich auch das Schnapsglas mit einer Wassermenge von zwei Zentilitern hervorragend zum Anrühren!

Temperaturschäden

Auf kühle Standorte, Zugluft oder kalte Steinfensterbänke reagieren viele Zimmerpflanzen empfindlich. Bestenfalls ziehen sie an einen behaglicheren Ort um. »Kalte Füße« auf Steinböden lassen sich einfach vermeiden, indem man eine Unterlage aus Kork, Holz oder Kokos unter dem Kübel platziert.

Wenn die Wurzeln kaum noch Platz haben, wird es Zeit für einen größeren Topf. Ein Wurzelschnitt regt das Wachstum an.

Die meisten Exoten lieben es, mit Wasser besprüht zu werden, da sie aus einem Lebensraum mit hoher Luftfeuchtigkeit stammen.

Wenn doch schon **Kälteschäden** vorhanden sind, helfen homöopathische Mittel bei der Erholung.

Carbo vegetabilis C 30 wirkt aufbauend, wenn der Standort über längere Zeit und allgemein zu kühl gewesen ist.

Falls die Pflanze kalte Zugluft abbekommen hat oder auf dem Transportweg das eisige Lüftchen der Klimaanlage aushalten musste, ist *Aconitum C 200* das passende Mittel nach diesem Kälteschock.

Wärme- und Hitzeschäden entstehen meist an Südfenstern oder unter Bedachungen, wo sich Wärme staut. Pflanzen, die nah am Fenster stehen oder das Glas berühren, können leicht einen Sonnenbrand bekommen. Die Wärmeentwicklung direkt hinter der Glasscheibe sollte nicht unterschätzt werden.

Homöopathisch sanieren wir mit *Belladonna C 200* bei Symptomen einer Verbrennung oder mit *Solidago C 30*, falls die Pflanze schlapp und entkräftet wirkt.

Ein **allgemeines Stärkungsmittel** nach Hitze- und nach Kälteschäden ist *Silicea C 200*. Es kann sehr gut als abschließende Behandlung gegeben werden.

Ein regelmäßiger Kontrollblick in den Übertopf verhindert, dass Staunässe zu spät erkannt wird.

Austrocknung

Eine höhere Luftfeuchtigkeit ist nicht nur für Pflanzen, sondern für alle Hausbewohner von Vorteil, besonders während der Heizperiode. Ein verbessertes Mikroklima in der Umgebung einer Pflanze ist leicht zu bewerkstelligen. Man stellt die Pflanze samt Übertopf in einen breiten, mit Wasser gefüllten Untersetzer. Das Wasser aus dem Untersetzer verdunstet nach oben und befeuchtet die Luft um das Blattwerk herum. Alternativ kann wöchentliches Besprühen der Pflanzen zusätzlich auch Schädlingsbefall vorbeugen. Zusammen mit regelmäßigem Lüften können wir die Trockenheit gut ausgleichen.

Arsenicum album C 200, Solidago C 30 oder *Sulfur C 200* sind passende Mittel nach derartigen Einwirkungen. Auch Pflanzen, die beim Gießen vergessen wurden, kommen damit wieder zu Kräften. *Maute-Rundum® C 30* oder *Silicea C 200* können den Abschluss bilden.

Staunässe

Mit der Wasserversorgung kann man es zu schlecht, aber auch zu gut meinen. Gerade Staunässe erkennen wir meistens erst dann, wenn es zu spät ist, weil das überschüssige Wasser im Übertopf ganz im Verborgenen vor sich hin gammelt. Daher öfter mal in den Übertopf hineinschauen und hineinriechen! Wenn die Erde schon lange Zeit nass war, macht es keinen Sinn, jetzt sofort mit Globuliwasser zu behandeln. Die Erde muss zunächst abtropfen, danach geben wir die Lösung teelöffelweise. Modrig-faulige Gerüche verlangen sofort einen Austausch der Erde.

Ein kleiner Zimmer-Dschungel sieht märchenhaft aus, jedoch sind zu eng stehende Pflanzen anfälliger, denn Krankheitskeime und Schädlinge können sich schneller verbreiten.

Silicea C 200, *Sulfur C 200* oder *Thuja C 200* sind die Hauptmittel für Folgen aufgrund von Staunässe.

Schädlinge

Ursache für Schädlingsbefall ist meistens übermäßig warme und trockene Luft. Auch zu eng stehende Pflanzen oder mangelnder Luftaustausch bieten den ungebetenen Besuchern gemütliche Bedingungen. In Innenräumen gibt es leider auch keine natürlichen Fressfeinde.

Die häufigsten Schädlinge an Zimmerpflanzen sind Blattläuse, gefolgt von Schildläusen, Wollläusen, Spinnmilben und Weißer Fliege. Unangenehm wird es, wenn einige Vertreter der Gruppe Honigtau ausscheiden. Erste Anzeichen sind glänzende, klebrige Punkte auf der Blattoberfläche. Bei starkem Befall können auch Fußboden und Möbel harzig überzogen sein. Wir wehren uns mit den bekannten »Schädlingsmitteln« aus dem Wegweiser oder, falls die Invasion heftiger ist, mit der PS-Kur (siehe Seite 57).

Ganz unbeliebt und leider sehr hartnäckig sind **Trauermücken**, deren Larven in der Erde hausen und sich an den zarten Faserwurzeln satt fressen. Drei bis vier Anwendungen mit *Natrium sulfuricum C 30* sind einen Versuch wert, denn Trauermücken lieben feuchtwarme Bedingungen. Auch sechs Behandlungen im Wechsel mit *Sulfur C 200* könnten eindämmend wirken. Getrockneter Kaffeesatz oder eine vollständig geschlossene Schicht Sand auf der Erdoberfläche verhindern die Eiablage. Auch nach dem Gießen sollten kleine Löcher sofort wieder zugedeckt werden.

Trauermücken kauft man meistens mit der Topfpflanze oder mit dem Pflanzsubstrat ein. Ihre Larven in der Erde sind äußerst lästig.

Krankheiten

Die häufigsten Erkrankungen an Zimmerpflanzen sind Pilzkrankheiten wie Blattfleckenkrankheit, Mehltau, Rußtau oder Grauschimmelfäule (siehe Seite 62). Da die Pflanzen im Innenraum oft enger stehen, möglicherweise zu selten gelüftet wird und weniger natürliche Helfer unterstützen als im Garten, können sich Krankheiten rasch auf andere Pflanzen übertragen. Im Wegweiser bei den Pflanzenkrankheiten (siehe Seite 65) wird das homöopathische Mittel zwar vorwiegend anhand des Wetters ausgewählt, aber der Wegweiser lässt sich genauso einfach für die Zimmerpflanzen lesen. Nun gibt es in Innenräumen keine Witterung, aber trotzdem herrscht ein bestimmtes Klima: In Wintergärten kann es feuchtwarm, in Heizungsnähe trocken oder auf Steinböden kühl sein. Je nachdem, ob der grüne Exot hart im Nehmen oder sensibel ist, wird er uns viele Jahre erfreuen oder die Quittung servieren.

Für die Behandlung von Pflanzenkrankheiten braucht es häufigere Anwendungen in kürzeren Abständen (siehe Anwendungs-Leitfaden Seite 35), daher gießen wir nur kleine Wassermengen, sonst stehen die Pflanzen zu nass. Sollen Spezialisten wie Orchideen oder Bonsai getaucht werden, kann man die Globuli im Fußbad auflösen oder löffelweise auf die Erde geben.

Geplagte Zimmerpflanzen: Weiße Fliege **(1)**, Blattfleckenkrankheit **(2)**, Rußtau **(3)**, Larve der Trauermücke **(4)**.

KAPITEL 4

DIE TOP 16 FÜR DEN EINSTIEG

Homöopathie kurz und knapp zu fassen und für Anfänger in leicht verdaulichen Häppchen anzubieten, ist eine echte Herausforderung. Nach vielen Jahren Erfahrung konnte sich eine solide Basis, bestehend aus den 16 wichtigsten Mitteln, herausbilden. Diese Hitliste der Top 16 verhilft zu einem überschaubaren Start in das homöopathische Gärtnern!

Beschreibungen der Hoch- und Tiefpotenzen

Welche Einsatzmöglichkeiten hat ein homöopathisches Mittel? Die Beschreibungen der homöopathischen Mittel zeigen dies in alphabetischer, übersichtlicher Zusammenfassung und helfen, den Überblick zu bewahren, die Mittel zu vergleichen und in Zweifelsfällen sicher auszuwählen.

Tipps für Starter-Sortimente

Allgemeingültige Empfehlungen für die Zusammenstellung kleiner Sortimente können schwerlich allen Wünschen gerecht werden. Wer sich frisch motiviert alle Top 16 zulegt, merkt möglicherweise nach gewisser Zeit, dass manche Mittel ungenutzte Schrankbewohner geworden sind.

Zu Schrankleichen werden die Globulifläschchen dennoch nicht, denn bei korrekter Aufbewahrung (bei Raumtemperatur, trocken, dunkel und nicht neben ätherischen Ölen oder ausdünstenden Substanzen, zum Beispiel Putzmitteln) bleiben die Produkte viele Jahre lang haltbar.

Apotheken liefern meistens die üblichen Mengen von zehn Gramm. In einem solchen Fläschchen sind etwa 800 Stück Globuli enthalten. Beim Blick auf die Dosierungstabelle wird schnell klar, dass damit noch mindestens zwei Generationen nach uns den Garten beglücken könnten – es ist also zu viel und damit auch zu teuer. Besser eignen sich kleine Flachbodengläser mit 1 bis 1,5 Gramm Inhalt.

Es gibt einige Apotheken, die solche kleinen Mengen anbieten (siehe Adressen Seite 141). Doch Achtung: Beim Mineral-Trio ist die erforderliche Menge um ein Vielfaches größer, in diesem Fall benötigen Sie mindestens zehn Gramm Globuli.

Wer seine Pflanzen und die typischen Probleme kennt, kann anhand der Mittel-Beschreibungen zielsicher eine Vorauswahl treffen.

Von den Hochpotenzen C 30 bzw. C 200 sind sogenannte Flachbodengläser mit 1 bis 1,5 Gramm Inhalt ausreichend für Hausgärten.

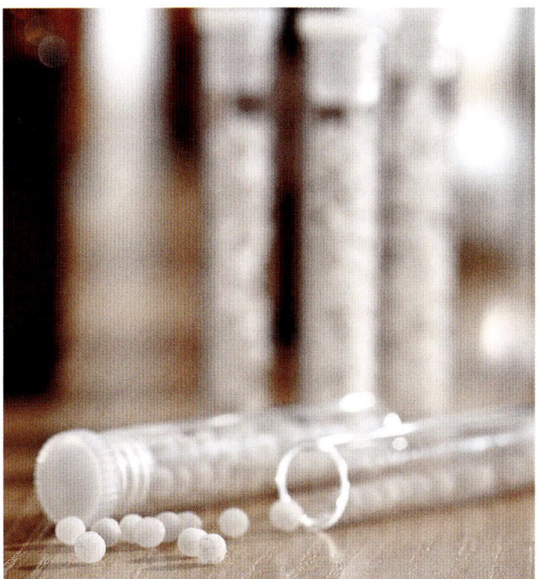

Bei homöopathisch behandeltem Gemüse können Sie sicher sein, dass Sie es frei von jeglichen Rückständen genießen werden.

Unentschlossene finden hier meine Empfehlungen für ein Starter-Sortiment:

1. Hausgarten:

* *Aconitum C 200*
* *Arnica C 200*
* *Belladonna C 200*
* *Calendula C 30*
* *Carbo vegetabilis C 30*
* *Silicea C 200*
* *Staphisagria C 200*
* *Sulfur C 200*

mit Gemüse:

* Mineral-Trio (siehe Seite 104)
* *Natrium sulfuricum C 30*

mit Rosen und/oder Obstbäumen:

* *Cimicifuga C 30*
* *Thuja C 200*

2. Balkon oder Terrasse:

* *Arnica C 200*
* *Natrium sulfuricum C 30*
* *Petroleum C 30*
* *Silicea C 200*
* *Sulfur C 200*

3. Zimmerpflanzen:

* *Arnica C 200*
* *Natrium sulfuricum C 30*
* *Petroleum C 30*
* *Silicea C 200*
* *Sulfur C 200*

Mit dem Allrounder *Maute-Rundum® C 30* kann die Basisstärkung ergänzt werden.
Maute-Rundum® C 30 ist exklusiv erhältlich unter www.maute-pflanzenhomöopathie.de

Zur Dosierung schlagen Sie bitte nach auf Seite 33.

Vom kleinsten Balkon bis zum Selbstversorger-Nutzgarten: Homöopathie findet überall ihre Anwendung.

Umfangreiches Sortiment an Globuli **(1)** – hilfreich für Garten- **(2)** oder Zimmerpflanzen **(4)**. Spezialmittel Maute-Rundum **(3)**.

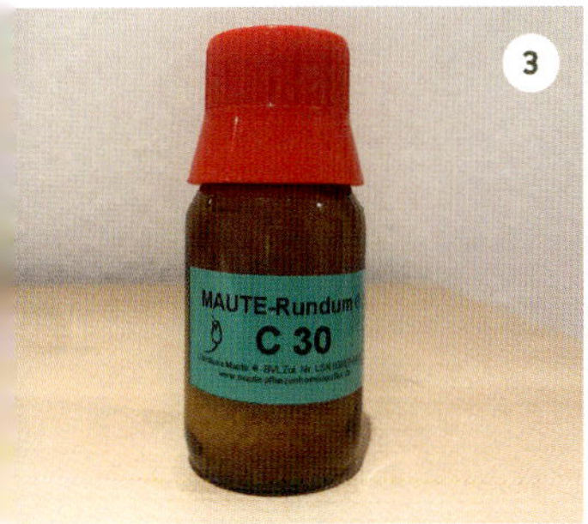

Mittel-Beschreibungen der Hochpotenzen für Pflanzen

Alle individuell und gut ausgewählten Mittel wirken stärkend auf die Lebenskraft eines Lebewesens.

Aconitum C 200

* Plötzliche Veränderung durch Frosteinbruch, trockene Kälte, kalten Wind, Kälteschock
* Schock durch Umtopfen oder Versetzen
* Welke und Austrocknung
* Hellgraue, blassgrüne, entfärbte Anzeichen nach Frosteinwirkung
* Glasige, dunkle, matschige Anzeichen nach Frosteinwirkung
* Teil der Maute-ABC-Methode (siehe Seite 49)

Arnica C 200

* Verletzungen: Stoß, Fall, Quetschung
* Übermäßiger Saft- oder Harzfluss
* Verbessert den Transport von Wasser und Nährstoffen in den Leitungsbahnen von Pflanzen
* Aufbaumittel nach überstandenen Pflanzenkrankheiten

Arsenicum album C 200

* Schwäche als Folge von Trockenheit, Wärme oder Hitze
* Schwäche und kümmerliches Wachstum
* Wurzelstärkung
* Rasches Vertrocknen
* Weißliche oder hellgraue Anzeichen (Pflanzenkrankheiten, Schädlinge)

Die gelb blühende Arnika, auch Bergwohlverleih genannt, wächst vor allem in Gebirgsregionen. Sie liefert die Wirkstoffe für das homöopathische Mittel Arnica.

Belladonna C 200

* Plötzliche Symptome
* Folge von kalter Witterung und/oder starker Sonneneinstrahlung
* Folge von lang andauernder Blattnässe
* Sonnenbrand
* Rötlich braune Anzeichen
* Bodenvorbereitung: »Anwärmer«
* Teil der Maute-ABC-Methode (siehe Seite 49)

Calendula C 30

* Rissverletzungen
* Wurzelstärkung bei Samen, Keimlingen, Setzlingen (= »Babys«)
* Trockenheit des Bodens
* Antibakterielle Wirkung
* Teil der Maute-ABC-Methode (siehe Seite 49)

Carbo vegetabilis C 30

* Folgen von Kälte
* Altersschwache Pflanzen
* Anthrazit-schwarze Anzeichen (Temperatur, Pflanzenkrankheiten)
* Desinfizierende Wirkung
* Bodenvorbereitung
* Teil der CS-Kur (siehe Seite 93)

Cimicifuga C 30

* Schädlingsbefall: Läuse an Rosengewächsen (Rosensträucher, Beerensträucher, die meisten bei uns einheimischen Obstbäume)

Helix tosta D 6

* Schneckenbefall

Maute-Rundum® C 30

Stärkender Allrounder, wirkt vorbeugend und stärkend bei:

* Verletzungen
* Versetzen/Umtopfen
* Diversen Schädlingen
* Pflanzenkrankheiten
* Wachstumsstörungen

Die Traubensilberkerze stammt aus Nordamerika und ist eine pflegeleichte Staude. Aus ihrer Wurzel stellt man das homöopathische Mittel Cimicifuga her.

Natrium sulfuricum C 30

* Folgen von schwülwarmer, feuchter Witterung
* Pilzerkrankungen mit violett-bräunlichen Anzeichen
* Kräuselkrankheit
* Braunfäule
* Falscher Mehltau

Die Myrte zählt zu den immergrünen hartlaubigen Pflanzen. Ein allgemeines Stärkungsmittel bei Wachstumsstörungen ist *Petroleum C 30*.

Petroleum C 30

* Rissverletzungen durch Frost (Pflanzen mit grober Rinde und/oder harten Blättern)
* Schädlingsbefall: Schädlinge mit fester Haut oder hartem Panzer, hartnäckiger Befall
* Stärkungsmittel für Hartlaubgewächse
* Teil der PS-Kur (siehe Seite 57)

Silicea C 200

* Vorbeugung (bei Pflanzenkrankheiten und Schädlingen)
* Pilzerkrankungen mit grau-weißen Belägen
* Folgen von Kälte
* Folgen von Staunässe
* Wachstumsstörungen
* Anregung der Wuchskraft der oberirdischen Pflanzenteile
* Kräftigung des pflanzlichen Zellgewebes
* Trockenheit des Bodens
* Maximal ein- bis dreimal pro Saison (siehe Homöopathie im Jahresverlauf Seite 102/103)

Ein Befall der Bohnen mit der schwarzen Bohnenlaus kann mit dem homöopathischen Mittel *Staphisagria C 200* behandelt werden.

Solidago C 30

* Folgen von Hitze oder Dürre
* Wurzel- und Triebverletzungen nach Umtopfen oder Versetzen bei Hitze
* Förderung der Wasserversorgung in den Leitungsbahnen
* Trockenheit des Bodens

Staphisagria C 200

* Folgen von Schnittverletzungen (Rosenschnitt, Baumschnitt)
* Läusebefall nach Schnittmaßnahmen
* Schwarze Läuse an Bohnen und Gurken

Sulfur C 200

* Folgen von Staunässe, Wärme oder Hitze
* Pflanzenkrankheiten
* Multitalent bei Schädlingsbefall
* Verbesserung der Wasserabsorption
* Gelbe, blassgelbe Anzeichen
* Teil der CS-Kur (siehe Seite 93)
* Teil der PS-Kur (siehe Seite 57)

Thuja C 200

* Vorbeugung: Kälte- und/oder Nässeschäden und Pflanzenkrankheiten
* Folgen von Kälte und Nässe zu Jahresbeginn
* Folgen von Staunässe
* Pflanzenkrankheiten (schwärzliche Blattflecken oder grau-weißer Pilzbelag)
* Monilia
* Viruserkrankungen

Aus den Samen des Rittersporns, einer bekannten und beliebten Gartenschönheit, wird das homöopathische Mittel Staphisagria hergestellt.

Mittel-Beschreibungen der Tiefpotenzen für Pflanzen

Calcium carbonicum D 6
Ausgleichend: Kalziumaufnahme und -verarbeitung
Mangelsymptome:
* Schwaches oder verkrüppeltes Wachstum
* Stängel, Äste und Zweige wirken instabil
* Triebe sind zu schwach, um Blüten oder Früchte zu halten
* Deformierter, verzögerter oder verlangsamter Wuchs
* Triebe und Blütenstiele knicken hakenförmig ab
* Spitzen der Früchte von Paprika und Tomaten beginnen zu faulen
* Gelbbraune Blattflecken mit scharfem, braunem Rand, zunächst an jüngeren Blättern
* Anfälligkeit für Pflanzenkrankheiten steigt

Kalium phosphoricum D 6
Ausgleichend: Kaliumaufnahme und -verarbeitung
Mangelsymptome:
* Gelbliche Verfärbungen der Blattränder
* Bräunliche Trockenstellen an Blatträndern von älteren Blättern
* Schwache, klein bleibende Pflanzen
* Geringe Standfestigkeit
* Kleinere Blüten, blasse Früchte, verminderte Ausreife
* Verminderte Wasseraufnahme

Magnesium phosphoricum D 6
Ausgleichend: Magnesiumaufnahme und -verarbeitung
Mangelsymptome:
* Gelbfärbung oder rötliche Flecken, vorwiegend auf älteren Blättern, dabei bleiben die Blattadern zunächst grün
* Frühzeitige Alterung
* Verminderte Wurzelbildung
* Gekräuselte Blattspitzen
* Weniger Blütenansätze, weniger Früchte

Magnesiummangel kann sich durch kleinere und gewellte Blätter zeigen. Die Pflanze produziert weniger Blüten und Früchte.

Eine gut ernährte Paprika **(1)** und verschiedene Anzeichen von Mangelerkrankungen: Fruchtendfäule **(2)**, Mangelerscheinungen bei Tomaten **(3)** und an Zimmerpflanzen **(4)**.

Sachregister

Mittelregister

Bildnachweis

Adobe Stock: 010, 013, 018, 022, 026, 028, 029-1, 029-2, 029-4, 030, 032, 036, 042-2, 042-4, 048-1, 048-2, 056-1, 056-3, 058, 063-3, 063-4, 074-1, 078-1, 078-2, 086-2, 088, 096-1, 100-2, 104, 105, 106-1, 107-2, 110, 111, 112-2, 116, 118-2, 121-2, 121-3, 121-4, 124, 125-2, 127-1, 130-1, 130-2, 131, 132, 133-1, 133-2, 133-3, 133-4; **Alamy:** 021-1, 043-1, 043-2, 051, 053-2, 070, 118-1, 129; **Britta Heilmann:** 056-4; **Cornelia Maute:** 049-1, 049-2, 066, 127-3; **Dieter Maute:** 006, 016, 017, 027-1, 027-2, 071, 073; **Flora Press:** 068-2; **/Alexandra Petzold:** 083, 087-1, 115-1; **/Biosphoto:** 041; **/Botanical Images:** 068-1; **/gartenfoto.at:** 112-1; **/Hamburg Homes:** 014; **/Karin Goldbach:** 044; **/Otmar Diez:** 091, 108; **/picture&publicity:** 114; **/Thomas Lohrer:** 046, 121-1; **Friedrich Strauss:** 024, 060, 063-1, 085, 086-1, 094, 096-2, 107-1, 115-2, 126, 127-2, 99-1, 99-2; **GAP Photos/Dave Bevan:** 106-2; **/Geoff Kidd:** 076; **/Howard Rice:** 056-2; **/Robert Mabic:** 128; **Getty Images:** 019, 020, 029-3, 034, 042-3, 053-1, 061-2, 063-2, 079, 080, 082, 100-1, 119, 120, 122, 98; **mauritius images:** 125-1; **/Blickwinkel:** 084; **/Bob Gibbons:** 093; **/MSE Stock:** 089; **/Nigel Cattlin:** 064; **/Steve Taylor:** 087-2; **Rose Schweizer (www.schweizer-agentur.de):** 095; **Sabine Ballweg:** 075-1, 075-2; **shutterstock:** 008, 015-1, 015-2, 021-2, 023, 038, 042-1, 054, 057, 059-1, 059-2, 061-1, 062, 074-2, 117, 127-4; **Simone Ruckstuhl (www.misspictures.de):** 004, 142.

Service

Literatur

Baumjohann, Dorothea und Peter: *Der BLV Pflanzendoktor für den Zier- und Nutzgarten.* BLV Verlag, München

Bernlöhr, Erika: *Homöopathische Erstversorgung in Notfällen.* BoD-Books on Demand, Norderstedt

Boericke, Wiliam: *Handbuch der homöopathischen Materia medica.* Haug Verlag, Heidelberg

Bohne, Burkhard: *Nachhaltig gärtnern.* Gräfe und Unzer Verlag, München

Bürki, Moritz/Fuchs, Marianne: Bildatlas Topfpflanzen. Ulmer-Verlag, Stuttgart

Fukuoka, Masanobu: *Der große Weg hat kein Tor.* Pala Verlag, Darmstadt

Graves, Julia: *The Language of Plants.* SteinerBooks, Hudson, New York

Hofmann, Till/Matschiess, Torsten: *Und es wächst doch!* Gräfe und Unzer Verlag, München

Hudak, Renate/Harazim, Harald: *Das große GU-Buch Selbstversorgung.* Gräfe und Unzer Verlag, München

Koechlin, Florianne: *Jenseits der Blattränder.* Lenos Verlag, Basel

Koechlin, Florianne: *PflanzenPalaver.* Lenos Verlag, Basel

König, Odile: *Zimmerpflanzen von A bis Z.* Parragon books, UK

Maute, Christiane: *Homöopathie für Pflanzen.* Narayana Verlag, Kandern

Maute, Christiane: *Homöopathie für Rosen.* Narayana Verlag, Kandern

Nash, Eugene B.: *Leitsymptome in der homöopathischen Therapie.* Haug Verlag, Heidelberg

Raspe, Ruth: *Homöopathische Eselsbrücken.* Narayana Verlag, Kandern

Rupp, Christel: *Reiche Ernte.* Gräfe und Unzer Verlag, München

Schattling, Birgit: *Mein Biotop auf dem Balkon.* Gräfe und Unzer Verlag, München

Scheiwiller-Muralt, Erika: *Homöopathie bei akuten Erkrankungen und Notfällen.* Urban & Fischer, München

Schlieber, Karin: *Prinzip Permakultur.* Gräfe und Unzer Verlag, München

Sperl, Ina: *Der Boden. Das verborgene Universum zu unseren Füßen.* Gräfe und Unzer Verlag, München

Storl, Wolf-Dieter: *Die „Unkräuter“ in meinem Garten.* Gräfe und Unzer Verlag, München

Tompkins, Peter/Bird, Christopher: *Das geheime Leben der Pflanzen.* Fischer Verlag, Frankfurt

Wiesenauer, Markus: *Maxi Quickfinder Homöopathie.* Gräfe und Unzer Verlag, München

Wohlleben, Peter: *Das geheime Leben der Bäume.* Ludwig Verlag, München

Broschüren

Hochschule Weihenstephan-Triesdorf: *123 Schadbilder an Pflanzen.*
Landwirtschaftliches Technologiezentrum Augustenberg (Hrsg.), Karlsruhe: *Schriftenreihen Integrierter Pflanzenschutz.*

Insekten, Bienen, Vielfalt
www.bmu.de/insektenschutz/
www.beebetter.de
www.stadtbienen.org
www.bio-balkon.de

Bezugsquellen im Internet

Homöopathische Einzelmittel
Pflanzenstärkungsmittel Maute-Rundum®
www.maute-pflanzenhomöopathie.de

Bahnhof-Apotheke, Kempten
www.bahnhof-apotheke.de

Altstadt-Apotheke, Amberg
www.altstadtapotheke-amberg.de

Insel Apotheke, Berlin
www.inselapotheke-berlin.de

Dr. Grimms Apotheke, Hamburg
www.dr-grimms.de

Hof-Apotheke, Stuttgart
www.hortusmed.de

Remedia online Apotheke, Eisenstadt (Österreich)
www.remedia.at

Saatgut und Pflanzen
Staudengärtnerei Gaißmayer, Illertissen
www.gaissmayer.de

Dreschflegel Bio-Saatgut, Witzenhausen
Onlineshop: www.dreschflegel-shop.de
Direktversand: www.dreschflegel-saatgut.de

Bingenheimer Saatgut
www.bingenheimersaatgut.de

Biogartenversand Hof Jeebel, Salzwedel
www.biogartenversand.de

Samenfest (Bio Saatgut Online Shop)
www.samenfest.de

Apps

Die Liste der hier vorgestellten Apps erhebt keinen Anspruch auf Vollständigkeit.

Bestimmung von Pflanzen per Foto
Plant Net
Picture this
Leaf Snap
Flora Incognita
Plantyx – Pflanzen bestimmen

Diagnose-Helfer für kranke Pflanzen
Neudorff Pflanzendoktor
Plantix – your crop doctor

Bestimmung von Insekten und Vögeln
Picture Insect
Nabu Insektenwelt
Insekten bestimmen
Map of Life
iNaturalist
Picture Bird
Nabu Vogelwelt
Die Vogel App!
Zwitschomat
Vogel ID
BirdNet

DIE AUTORIN

Cornelia Maute, geboren in Tettnang am Bodensee, lebt heute mit ihrer Familie in der Nähe von Heidelberg. Von Kindheit an ist sie mit Natur und Garten, aber auch mit der Heilmethode der Homöopathie aufgewachsen.
In ihrem ersten Beruf als staatlich geprüfte Logopädin hat sie sich das genaue Beobachten von Symptomen bei Patienten, das Erkennen von Ressourcen und die individuelle Herangehensweise angeeignet, was ihr für die homöopathische Pflanzenbehandlung eine ausgezeichnete Basis bietet. Ihre Ausbildung zur Tierheilpraktikerin hat das Verständnis der ganzheitlichen Betrachtungsweise von Lebewesen erweitert.
Durch die Tätigkeit ihrer Mutter als Heilpraktikerin und deren Buchprojekt sind die Themen Pflanzen und Homöopathie in ihren Fokus gerückt. Winzer, Gärtner, Landwirte, Bodenkundler und andere Pioniere auf diesem Gebiet sind von Anfang an geschätzte Weggefährten und begleiten sie bis heute.
Ihr fortlaufendes Eigenstudium und der Austausch mit Fachleuten und anderen Begeisterten bringt die Weiterentwicklung dieser Methode voran.
Sie leitet den online-Beratungsdienst für Pflanzen und hält Vorträge und Seminare im In- und Ausland (www.maute-pflanzenhomöopathie.de).

DANKSAGUNG

Kein Buch schreibt sich allein, und schon gar nicht ein Sachbuch. Dazu braucht es viele Unterstützer.
Allen voran gilt mein Dank meinem Verlag. Ich fühlte mich geehrt, dass ein Buchprojekt mit diesem außergewöhnlichen Thema eine so rasche und unvoreingenommene Zusage erhalten hat. Die Zusammenarbeit mit den Mitarbeitern gestaltete sich unkompliziert und ausnahmslos wohlwollend.
Besonders schätze ich, dass meine Vorstellungen unverändert verwirklicht wurden.
Bereits vor vielen Jahren wurden die fruchtbaren Grundlagen für mein Projekt gelegt, und den wichtigsten Anteil daran hatten meine Eltern. Denn das, was ich lernen und erfahren durfte, hat mich zu dem gemacht hat, was ich heute bin. Diesem verlässlichen und unterstützenden Nest bin ich längst entwachsen, und nun entsteht ein ehrliches Gefühl von Dankbarkeit dafür, dass ich vieles weitergeben kann.
Selbstverständlich möchte ich auch ein Loblied auf meine Liebsten zu Hause anstimmen, denn sie waren gerne bereit, meine Texte auf Verständlichkeit und »Bodenständigkeit« sehr ermutigend, aber auch kritisch zu prüfen. Ebenso sehr zu schätzen wusste ich das Feedback meiner Freunde, die mich mit ihrer Einschätzung bestärkt haben, dass ich auf dem richtigen Weg bin. Genau diese Korrekturen waren unersetzlich. So ist es mir hoffentlich gelungen, dass dieses Werk nicht als Regalbewohner mit unergründlichem Inhalt und trockenem Schreibstil verstaubt.
Zuletzt haben meine Kunden durch ihre Experimentierfreudigkeit, ihre Erfahrungen und Rückmeldungen fleißig dazu beigetragen, dass ihre vielfältigen Erkenntnisse das Buch bereichern konnten.

Vielen Dank an alle!

Impressum

GU ist eine eingetragene Marke der GRÄFE UND UNZER VERLAG GmbH, www.gu.de

ISBN 978-3-8338-8005-6
1. Auflage 2022

Projektleitung: Sonja Forster, Ariane Heger, Lisa Seibel
Lektorat: Angelika Lang
Korrektorat: Jutta Weikmann
Bildredaktion: Esther Herr, Petra Ender, Natascha Klebl (Cover)
Umschlaggestaltung und Layout: ki 36 Sabine Krohberger Editorial Design, München
Herstellung: Gloria Schlayer
Satz: Christopher Hammond
Reproduktion: Longo AG, Bozen
Druck und Bindung: Firmengruppe APPL, aprinta druck, Wemding
Printed in Germany

Umwelthinweis:

Nachhaltigkeit ist uns sehr wichtig. Der Rohstoff Papier ist in der Buchproduktion hierfür von entscheidender Bedeutung. Daher ist dieses Buch auf PEFC-zertifiziertem Papier gedruckt. PEFC garantiert, dass ökologische, soziale und ökonomische Aspekte in der Verarbeitungskette unabhängig überwacht werden und lückenlos nachvollziehbar sind.

Syndication: www.seasons.agency

Wichtiger Hinweis

Die Gedanken, Methoden und Anregungen in diesem Buch stellen die Meinung bzw. Erfahrung der Verfasserin dar. Sie wurden von der Autorin nach bestem Wissen erstellt und mit größtmöglicher Sorgfalt geprüft. Sie bieten jedoch keinen Ersatz für persönlichen kompetenten medizinischen Rat. Jede Leserin, jeder Leser ist für das eigene Tun und Lassen auch weiterhin selbst verantwortlich. Weder Autorin noch Verlag können für eventuelle Nachteile oder Schäden, die aus den im Buch gegebenen praktischen Hinweisen resultieren, eine Haftung übernehmen.

GRÄFE UND UNZER
Ein Unternehmen der
GANSKE VERLAGSGRUPPE

QUALITÄTS G|U GARANTIE

LIEBE LESERINNEN UND LESER,

wir wollen Ihnen mit diesem Buch Informationen und Anregungen geben, um Ihnen das Leben zu erleichtern oder Sie zu inspirieren, Neues auszuprobieren. Wir achten bei der Erstellung unserer Bücher auf Aktualität und stellen höchste Ansprüche an Inhalt und Gestaltung. Alle Anleitungen und Rezepte werden von unseren Autoren, jeweils Experten auf ihren Gebieten, gewissenhaft erstellt und von unseren Redakteur*innen mit größter Sorgfalt ausgewählt und geprüft.

Haben wir Ihre Erwartungen erfüllt? Sind Sie mit diesem Buch und seinen Inhalten zufrieden? Wir freuen uns auf Ihre Rückmeldung. Und wir freuen uns, wenn Sie diesen Titel weiterempfehlen, in Ihrem Freundeskreis oder bei Ihrem Online-Kauf.

Sollten wir Ihre Erwartungen so gar nicht erfüllt haben, tauschen wir Ihnen Ihr Buch jederzeit gegen ein gleichwertiges zum gleichen oder ähnlichen Thema um.

KONTAKT ZUM LESERSERVICE

GRÄFE UND UNZER VERLAG
Grillparzerstraße 12
81675 München
www.gu.de

GARTENLUST PUR.

ISBN 978-3-8338-7549-6

ISBN 978-3-8338-8030-8

ISBN 978-3-8338-6870-2

ISBN 978-3-8338-7708-7

ISBN 978-3-8338-7128-3

ISBN 978-3-8338-7354-6

e Auch als eBook erhältlich.

G|U

Mehr von GU auf **www.gu.de** und **facebook.com/gu.verlag**